ব্রহ্মান্ড সৃষ্টি রহস্য

ও

বিশ্বরূপ দর্শণ প্রয়াস

মিহির রঞ্জন দত্ত মজুমদার

White Falcon
Publishing

BRAMHANDA SHRISTI RAHASYA O VISHWARUP DARSHAN PROYAS

BY

MIHIR RANJAN DUTTA MAJUMDAR

ব্রহ্মান্ড সৃষ্টি রহস্য ও বিশ্বরূপ দর্শণ প্রয়াস

মিহির রঞ্জন দত্ত মজুমদার

গ্রন্থস্বত্ব লেখক কর্তৃক সংরক্ষিত

প্রকাশনা লেখকের নিজস্ব

Copyright © 2014 M R Dutta Majumdar

All rights reserved

No part of this publication may be reproduced, stored in a retrieval system, or transmitted, in any form or by means electronic, mechanical, photocopying, or otherwise, without prior written permission of the Author.

Requests for permission should be addressed to M R Dutta Majumdar (mihirranjan0210@gmail.com).

মা স্বর্গতা কণিকা দেবী ও

বাবা স্বর্গত প্রবোধ চন্দ্র দত্ত মজুমদারের

পুণ্য স্মৃতির উদ্দেশ্যে নিবেদিত

ভূমিকা

মানুষের অজানাকে জানবার, চাক্ষুষ দেখার অদম্য আকঙ্ক্ষা চিরদিনের।তাই মানুষ খোলা আকাশের দিকে তাকিয়ে সমস্ত সৃষ্টি ও বিশালতার কথা ভেবেছে বা কল্পনা করেছে।আবার বিপরীতভাবে নিজের পারিপার্শ্বিক বস্তুর ক্ষুদ্রাতিক্ষুদ্র অংশের কথা ভেবেছে।এর ফলে একদল বিজ্ঞানী বস্তুর ক্ষুদ্রাতিক্ষুদ্র অংশের এবং বিশ্ব ব্রহ্মাণ্ডের সৃষ্টির বিশালতার মধ্যে যোগসূত্র খোঁজার চেষ্টায় সর্বদা ব্যস্ত। যাহাকে সমষ্টির মধ্যে ব্যাস্টির বা ব্যাস্টির সমন্বয়ে সমষ্টির বিষয়ে চর্চা করার সামিল বলা যায়।

সভ্যতার ক্রমবিকাশে বিজ্ঞান ও প্রযুক্তির প্রভূত উন্নতি হয়েছে।মানুষ বিশ্ব ব্রহ্মাণ্ডের সৃষ্টি রহস্য, বিশালতা এবং বস্তুর ক্ষুদ্রতম অংশের স্বরূপ উন্মোচনে কার্য্যকরী পদক্ষেপ নিয়েছে।এর ফলে একদিকে পদার্থের ক্ষুদ্রাংশ রূপে 'কোয়ার্ক গ্লুয়ন প্লাজমা' থেকে বৃহত্তর ক্ষেত্রে 'বিগ ব্যাঙ' সৃষ্টির সন্ধান প্রয়াস হচ্ছে।আবার এই চেষ্টার ফল স্বরূপ উপাখ্যানে বর্ণিত 'বিশ্বরূপ দর্শন' কম্প্যুটর ও আধূনিক তথ্য প্রযুক্তির প্রভূত উন্নতির ফলে তাহা বাস্তবে রূপ পেয়েছে।যাহা সাধারণ ভাবে ইন্টারনেট নামে পরিচিত।'বিশ্ব ব্যাপী জাল' যাহা (World Wide Web) সংক্ষেপে WWW নামেও পরিচিত ও বর্তমানে বিরাট কার্য্যকরী ভূমিকা নিয়েছে।

এইভাবে বস্তুর ক্ষুদ্রতম অংশের সন্ধাণ, ব্রহ্মান্ডের সৃষ্টি রহস্য এবং বিশ্বরূপ দর্শণ রূপী আধূনিক প্রযুক্তি বিষয়ে বিভিন্ন সময় বিশ্বের বিভিন্ন গবেষণাগারে প্রয়াস চালানো হয়েছে।কিন্তু বর্তমানে বিশাল কর্মযজ্ঞের মাধ্যমে প্রয়াস চালানো হচ্ছে বিশ্বের সর্ব্বশ্রেষ্ঠ গবেষণাগারে।যাহা, সুইজারল্যান্ড এবং ফ্রান্স সীমান্তে জেনেভা শহরের কাছে অবস্থিত।এই গবেষণাকেন্দ্র ইউরোপের দেশগুলি দ্বারা যৌথভাবে চালিত এবং সংক্ষেপে সার্ন (CERN) নামে পরিচিত।এই 'বিশ্ব ব্যাপী জাল' বা WWW এর সার্ন গবেষণাকেন্দ্রে উৎপত্তি ।

ভূমিকা

2008 সালের সেপ্টেম্বর মাসের প্রথম সপ্তাহে সার্নে লার্জ হ্যাড্রণ কলাইডার যন্ত্রের চালু হয়। যাহার খবর অধিকাংশ বিশ্বব্যাপী সংবাদপত্রের শিরোনামে আসে।সেসময় ক্ষেত্রবিশেষে অমূলক বিশ্ব ধ্বংসের সম্ভাবনার খবর ছড়ায়।ফলে বিশ্বের বিশাল জনমানসে একাধারে আতঙ্ক, আগ্রহ ও সাড়া জাগায়।সার্নের গবেষণাগারে ঈশ্বরকণা বা হিগস বোসনের সম্ভাব্য আবিষ্কার ঘটে।ফলে সাধারণ জনমানসে উপরোক্ত বিষয় সমুহে প্রচুর আগ্রহ দেখা গিয়েছে।সেজন্য এই বইয়ে সাধারণ আগ্রহী পাঠকদের কাছে বিশেষত বিজ্ঞানমনস্ক দের কাছে সহজভাবে উপরোক্ত বিষয়ে সহজ ভাবে বলার চেষ্টা করা হয়েছে।

এই বইয়ে সার্ন সহ বিভিন্ন গবেষণাকেন্দ্র কে ভিত্তি করে বস্তুর স্বরূপ, ব্রহ্মান্ডের সৃষ্টি রহস্য সন্ধাণ প্রয়াস এবং পূর্বে বর্ণিত বিশ্বরূপ দর্শণের প্রয়াসের কথা সংক্ষেপে বলা হয়েছে।তাহা ছাড়া উচ্চ স্তরের বৈজ্ঞানিক এবং প্রযুক্তিগত কর্মযজ্ঞের ফলে সমাজে কি ধরণের উপকার হয়েছে সে সম্বন্ধে কিছু বলা হয়েছে।অবশেষে আমার উপরোক্ত স্থানে কর্মক্ষেত্রের কাজের জন্য উপস্থিত থাকার ফলে কিছু ব্যক্তিগত অভিজ্ঞতা হয়েছে, যাহা খুবই সংক্ষেপে বলা হয়েছে।

এই বইয়ের বিষয় নয়টি অধ্যায়ে বলা হয়েছে।**প্রথম অধ্যায়:** পদার্থের এবং শক্তির স্বরূপ- অণু, পরমাণু থেকে অধঃকেন্দ্রীন কণা কোয়ার্ক সহ মৌলিক কণা, মৌলিক বল, শক্তি এবং ভর-শক্তি তুল্যাঙ্ক সম্বন্ধে বলা হয়েছে।**দ্বিতীয় অধ্যায়:** ব্রহ্মাণ্ডের সৃষ্টি তত্ত্ব- এখানে গ্রহ, নক্ষত্র, সুপারনোভা, কৃষ্ণগহ্বর, আদি কালের বিগ ব্যাঙ বা মহাবিস্ফোরণ এবং ব্রহ্মাণ্ডের সৃষ্টি সম্বন্ধে বলা হয়েছে।

তৃতীয় অধ্যায়: বৃহৎ গবেষণাগারে বৈজ্ঞানিক প্রয়াস- মৌলিক কণা উৎপাদন এবং উচ্চ শক্তিতে ত্বরান্বিত করার বিভিন্ন দেশের বিভিন্ন ধরনের ত্বরণ যন্ত্র এবং নিউট্রিনো পরীক্ষাগার সম্বন্ধে বলা হয়েছে।**চতুর্থ অধ্যায়:** সার্নে লার্জ হ্যাড্রণ কলাইডার- সার্ন গবেষণাগারের পরিচিতি সহ, সেখানে বিভিন্ন ত্বরণ যন্ত্র বা কলাইডার উদ্ভাবন, উদ্দেশ্য, বৃহৎ পরীক্ষা সমূহের কর্মকান্ড সম্বন্ধে বলা হয়েছে।

পঞ্চম অধ্যায়: উচ্চ প্রযুক্তি এবং বৈজ্ঞানিক পরীক্ষা পদ্ধতি- বিভিন্ন ত্বরণ যন্ত্রে বা বিশেষত LHC এর জন্য ব্যবহৃত উচ্চ প্রযুক্তির ব্যবহার সম্পর্কে বলা হয়েছে।এই উচ্চ প্রযুক্তির মধ্যে প্রথাগত মূল ইঞ্জিনীয়ারীং ছাড়াও উন্নত প্রযুক্তি, কম্প্যুটার বা তথ্যপ্রযুক্তি, বিকিরণ বা সাধারণ সুরক্ষা প্রযুক্তি।এছাড়া বৈজ্ঞানিক পরীক্ষা পদ্ধতি পর্য্যায়ে বিভিন্ন কণা বা বিকিরণ মাপা বা গতিবিধি পর্য্যবেক্ষণ করার জন্য বিভিন্ন প্রকারের ডিটেকটার ব্যবহার সম্বন্ধে বলা হয়েছে।

ষষ্ঠ অধ্যায়: কম্প্যুটর প্রযুক্তি- বিভিন্ন উল্লেখযোগ্য গবেষণা কার্য্যে প্রথাগত কম্প্যুটার এবং তথ্য প্রযুক্তির বিদ্যার উন্নতির চ্যালেঞ্জের ফলাফল এবং ভূমিকার কথা বলা হয়েছে।**সপ্তম অধ্যায়:** তথ্য প্রযুক্তি এবং আধুনিক বিশ্বরূপ দর্শন- তথ্য প্রযুক্তি দ্বারা তথ্য আদান প্রদান, সংরক্ষণ এবং বিশ্লেষণে সহায়ক রূপে 'বিশ্ব ব্যাপী জাল' বা WWW এর উৎপত্তি এবং গ্রীড কম্প্যুটিং সম্বন্ধে বলা হয়েছে।

অষ্টম অধ্যায়: সমস্ত প্রচেষ্টার সমাজে প্রভাব- বিভিন্ন প্রচেষ্টার শক্তি উৎপাদণ, চিকিৎসা নির্ণয়, নিরাময়, খাদ্য সংরক্ষণ, ইলেকট্রনিক যান্ত্রিক ব্যবস্থার প্রয়োগ, কম্প্যুটার, তথ্যপ্রযুক্তির ব্যাপক ব্যবহারের নুতন মাত্রা সম্বন্ধে বলা হয়েছে।**নবম অধ্যায়:** কিছু অভিজ্ঞতা- সাধারণত বৃহৎ প্রকল্পের কাজে অনেক ছোটো ছোটো ঘটনা ঘটে যার মধ্যে রোমাঞ্চ এবং বিজ্ঞান থাকে যাহার সংক্ষিপ্ত আকারে ব্যক্তিগত অভিজ্ঞতা রূপে বলা হয়েছে।

এই বই লেখা প্রসঙ্গে কৃতজ্ঞতা জ্ঞাপন পর্বে প্রথমেই মনে পড়ে আন্তর্জাতিক খ্যাতি সম্পন্ন বিশিষ্ট বিজ্ঞানী, Variable Energy Cyclotron Centre এর প্রাক্তণ অধিকর্তা এবং বর্তমানে হোমি ভাবা অধ্যাপক বিকাশ সিনহার নাম উল্লেখ যোগ্য।তারপর তৎকালীন বিভাগীয় প্রধান ড: যোগেন্দ্র পাঠক বিয়োগী এর নাম উল্লেখ যোগ্য।যাহাদের সংস্পর্ষে আসা এবং তাহাদের সুযোগ্য নেতৃত্বে কাজ করার সুযোগ হয়েছে।

আমার অবসরপূর্ব সহকর্মিগণ যথা, ড: জি.এস.এন মূর্তি, ড: তপন কুমার নায়েক, ড: শুভাশিষ চট্টোপাধ্যায়, ড: সুশান্ত কুমার পাল, ড: প্রেমময় ঘোষ এবং

আরো অনেকের সঙ্গে বিভিন্ন ফলপ্রসু আলোচনা, পরামর্শ এবং অভিজ্ঞতা বিনিময় এই বই (ই-বই) লিখতে সাহায্য করেছে।

এই বইয়ের পান্ডুলিপি লেখার পরে তাহা পড়া এবং সুচিন্তিত মতামত দেওয়ার ব্যাপারে VECC এর তরুন বিজ্ঞানী ড: পার্থপ্রতিম ভাদুড়ি এবং ভুবনেশ্বরের NISER এর তরুন বিজ্ঞানী ড: সৈকত বিশ্বাস এর নাম বিশেষ ভাবে উল্লেখ যোগ্য। আলোচ্য বিষয় নিরপেক্ষ, পাঠক রূপে ড: সুবোধ কুমার দত্ত, যিনি বিজ্ঞান এবং প্রযুক্তির শিক্ষাক্ষেত্র এবং শিল্প উদ্যোগের সঙ্গে যুক্ত, তাহার মতামতও বিশেষভাবে উল্লেখ যোগ্য।

সবশেষে এই বইয়ের ব্যাপারে আমার স্ত্রী মণিদীপা এবং পুত্র জ্যোতির্ময়ের ভূমিকা অপূরণীয় এবং অনস্বীকার্য্য।

এই বইয়ে দেওয়া তথ্য বর্ণনা শুধুমাত্র সংক্ষিপ্ত ভাবে পাঠকের সাধারণ কৌতুহল নিরসনের জন্য এবং কোনো ভাবেই উচ্চস্তরের জ্ঞানলাভ, বানিজ্যিক বা দৈনন্দিন জীবনে ব্যবহার উপযোগী ভাবে বলা হয়নি।এই বইয়ে যথা সম্ভব তথ্য বর্ণনার এবং বর্ণ বিন্যাসের দায় সম্পুর্ণ আমার নিজের।যদি কোনো ক্রুটি দেখা যায় তবে তাহা আমাকে পাঠক পাঠিকারা (1602 Ambalika, Kolkata -700107, email: {mihirranjan0210@gmail.com}) জানালে কৃতজ্ঞ থাকব।

কলকাতা, ডিসেম্বর 2014 — মিহির রঞ্জন দত্ত মজুমদার

VECC সাইক্লোট্রন যন্ত্র
(সৌজন্য VECC)

সার্নের উপরিভাগের
ছবি (সৌজন্য CERN)

সার্নের LHC টানেলের
ছবি (সৌজন্য CERN)

ALICE পরীক্ষা ব্যবস্থার
ছবি (সৌজন্য CERN)

ALICE পরীক্ষার মূল চুম্বক
ছবি (নিজস্ব ক্যামেরা)

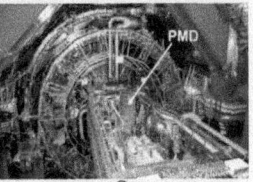

ALICE পরীক্ষায় PMD
ছবি (নিজস্ব ক্যামেরা)

ALICE পরীক্ষায় Muon detector
ছবি (নিজস্ব ক্যামেরা)

ALICE পরীক্ষায় PMD এর একটি মডিউল
ছবি (নিজস্ব ক্যামেরা)

PMD মডিউলের একটি ইলেকট্রনিক
যন্ত্রাংশ ছবি (নিজস্ব ক্যামেরা)

সার্নে নটরাজ মূর্তি
ছবি (নিজস্ব ক্যামেরা)

WA98 পরীক্ষায় PMD এর
সিনটিলেটার ডিটেকটার

সূচিপত্র

1 - পদার্থের এবং শক্তির স্বরূপ	1 - 14
2 - ব্রহ্মাণ্ডের সৃষ্টি তত্ত্ব	15 – 25
3 - বৃহৎ গবেষণাগারে বৈজ্ঞানিক প্রয়াস	26 – 35
4 - সার্নে লার্জ হ্যাড্রন কলাইডার	36 – 44
5 - উচ্চ প্রযুক্তি এবং বৈজ্ঞানিক পরীক্ষা পদ্ধতি	45 – 53
6 - কম্প্যুটার প্রযুক্তি	54 – 61
7 - তথ্য প্রযুক্তি এবং আধুনিক বিশ্বরূপ দর্শন	62 – 68
8 - সমস্ত প্রচেষ্টার সমাজে প্রভাব	69 – 75
9 - কিছু অভিজ্ঞতা	76 – 83

ব্রহ্মান্ড সৃষ্টি রহস্য ও বিশ্বরূপ দর্শণ প্রয়াস

প্রথম অধ্যায়

পদার্থের এবং শক্তির স্বরূপ

আমাদের চারদিকে বিভিন্ন বস্তু দেখতে পাওয়া যায়। এদের সুক্ষ্মভাবে ভাঙ্গলে পদার্থের সুক্ষ্ম স্বাধীন কণা রূপ পাওয়া সম্ভব, সে সম্বন্ধে প্রাচীনকালে গ্রীসে ডিমোক্রিটাস এবং আমাদের দেশে মহামুনি কণাদ প্রথম চিন্তা ভাবনা করেন।তাহার পর 1800 সালে জন ডাল্টন প্রথম পরমাণুর গঠন সম্বন্ধে একটি তত্ত্ব প্রকাশ করেন যাহা ডাল্টনের পরমাণু তত্ত্ব নামে বিখ্যাত হয়।যদিও এই তত্ত্বটির ত্রুটি পরবর্তী কালে বিজ্ঞানীদের কাছে ধরাপড়ে ।

সাধারণত একটি বস্তর বিভিন্ন রাসায়নিক ধর্ম থাকে, যাহার সঙ্গে আমরা পরিচিত।এবার এই বস্তুকে সুক্ষ্মভাবে ভাঙ্গলে সবচেয়ে ছোটো স্বাধীন ধর্ম বিশিষ্ট দুই ধরনের কণা পাওয়া যায়।যাহাদের নাম অণু (molecule) এবং পরমাণু (atom) নামে পরিচিত। অণু কতকগুলি পরমাণুর সংযোগে গঠিত হয়, পরমাণু একমাত্র বিভিন্ন মৌলিক পদার্থের ক্ষেত্রে হয়।যৌগিক পদার্থের অণু কতক গুলি মৌলিক পদার্থের পরমাণু দ্বারা তৈরী হয়।

পরমাণু কেন্দ্রকের গঠন: বিজ্ঞানী জে জে থমসন 1897 সালে বায়ুশূন্য টিউবে বিদ্যুৎ ক্ষরণ ঘটান। এই পরীক্ষার মাধ্যমে ঋণাত্মক আধানযুক্ত ইলেকট্রন কণার অস্তিত্ব প্রমাণ করেন।যাহার মাধ্যমে পরে বোঝা গেলো পরমাণুর মধ্যে ধনাত্মক আধানযুক্ত কেন্দ্রক এবং চারপাশে ঋণাত্মক আধানযুক্ত ইলেকট্রন কণারা ঘুরে বেড়ায়।পরে ইলেকট্রন কণার আধানের পরিমান 1.6×10^{-19} কুলম্ব জানা গেল। ইংরাজ বিজ্ঞানী লর্ড রাদারফোর্ড 1911 সালে তেজস্ক্রিয় ইউরেনিয়াম থেকে নির্গত আলফা কণার (হিলিয়াম আয়ন) সুক্ষ্ম সোনার পাতে বিক্ষেপ এবং সঞ্চালন বিন্যাসের পরীক্ষা করেন। এই পরীক্ষা দ্বারা তিনি প্রমাণ

করেন যে পরমাণু কে ভাঙ্গলে প্রধাণত একটি কেন্দ্রীয় অংশ এবং বহিরাংশ হিসাবে পাওয়া যায়।

একটি পরমাণুর কেন্দ্রীয় অংশ যাহা কেন্দ্রীণ বা কেন্দ্রক (nucleus) নামে পরিচিত হয়।এই কেন্দ্রক পরমাণুর গঠনের কেন্দ্র স্থলে ক্ষুদ্র অঞ্চলে সীমাবদ্ধ থাকে এবং সাধারণত দুই ধরনের কণার সমন্বয়ে গঠিত হয়।এই দুই ধরনের কণার মধ্যে একটি ধনাত্মক আধান যুক্ত প্রোটন কণা নামে পরিচিত। অপরটি তড়িৎ নিরপেক্ষ নিউট্রন কণা নামে পরিচিত।যদিও নিউট্রন কণার অস্তিত্ব অনেক পরে জানা যায়।

প্রোটন কণার আধান ধনাত্মক এবং ভর, ইলেকট্রন কণার ভরের তুলনায় 1836 গুন ভারী হয়।যাহা 1.6726×10^{-27} কেজি এবং প্রোটন কণার সংখ্যা দ্বারা পরমাণুর পারমাণবিক সংখ্যা (atomic number) নির্ধারিত হয়।এরপর আর্নেষ্ট রাদার ফোর্ড আলফা কণা দ্বারা নাইট্রোজেন গ্যাসের সংঘর্ষ ঘটিয়ে হাইড্রোজেন আয়ন পান এবং পরে এর নাম প্রোটন কণা বলে চিন্হিত করা হয়।

নিউট্রন কণার আধান তড়িৎ নিরপেক্ষ এবং মুক্ত ভর ইলেকট্রন কণার ভরের তুলনায় 1839 গুন ভারী, যাহা 1.6929×10^{-27} কেজি হয়।পরমাণুর তিন প্রকার কণা যথা ইলেকট্রন, প্রোটন, নিউট্রন কণার মধ্যে নিউট্‌রন কণা অপেক্ষাকৃত ভারী। ইংরেজ বিজ্ঞানী জেমস চাডউইক 1932 সালে নিউট্রন কণা আবিষ্কার করেন। প্রোটন, নিউট্রন কণার আকার প্রায় 2.5×10^{-15} মিটার বা 2.5 ফার্মি (1 ফার্মি = 10^{-15} মিটার) হয়। আবার প্রোটন, নিউট্রন কণার নিজস্ব মুক্ত ভরের তুলনায় কেন্দ্রকে সম্মিলিত প্রোটন, নিউট্রন কণার ভর সামান্য কম হয়, কারণ এই লীন ভরের তুল্য শক্তি কেন্দ্রকের বন্ধন শক্তি (nuclear binding energy) রূপে কাজ করে।প্রোটন কণা এবং নিউট্রন কণা সমান ভর সম্পন্ন হয়।কেন্দ্রকে সম্মিলিত প্রোটন এবং নিউট্রন এর মোট সংখ্যার উপর ভিত্তি করে পরমাণুর ভর নির্ভর করে।কিন্তু প্রোটন কণার সংখ্যার উপর ভিত্তি করে মৌলিক পদার্থের ধর্ম নির্ধারিত হয়।পরমাণুর কেন্দ্রকে প্রোটন সংখ্যার

সমান সংখ্যায় হাল্কা ঋনাত্মক ধর্মী ইলেকট্রন কণা কেন্দ্রকের চারপাশে বিভিন্ন কক্ষপথে ঘোরে।

পরমাণুর গঠন মূলত ইলেকট্রন সমুহ এবং কেন্দ্রক অঞ্চল এর সমন্বয়ে হয়।পরমাণুর মোট আয়তনের সামান্য অংশ জুড়ে থাকে কেন্দ্রক অঞ্চল।যেমন হাইড্রোজেন কেন্দ্রকের আয়তন 1.75 ফার্মি, পরমাণুর আয়তন 145,000 গুণ বেশী হয়।আবার ভারী ইউরেনিয়াম কেন্দ্রকের আয়তন 15 ফার্মি, পরমাণুর আয়তন 23,000 গুন বেশী হয়। এর ফলে দেখা যাচ্ছে পরমাণুর ভেতর বেশীর ভাগ জায়গা ফাঁকা থাকে।

একমাত্র হাইড্রোজেন পরমাণুর কেন্দ্রকে একটি প্রোটন কণা এবং একটি কক্ষপথে একটি ইলেকট্রন কণা ঘোরে, যাহা ছবি 1.1 দেখানো হয়েছে।অনেক টা সৌরমন্ডলীর মত যেখানে কেন্দ্রে সূর্য্য এবং বিভিন্ন কক্ষপথে গ্রহ গুলির ঘোরার সঙ্গে তুলনা করা যায়।

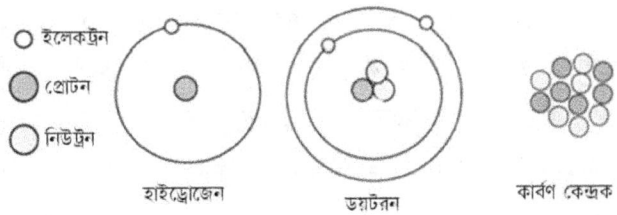

1.1 ছবি হাইড্রোজেন, ডয়টরণ এবং কার্বন

পরমাণু কেন্দ্রক কণা শক্তি একক: পরমাণুর কেন্দ্রক হলো সমস্ত ভর এবং শক্তির আধার।বস্তুর কেন্দ্রক সমুহ বিক্রিয়া করলে প্রভূত শক্তি উৎপাদন করে যাহাকে পরমাণু কেন্দ্রক বিক্রিয়া (nuclear reaction) বলে।পরমাণু কেন্দ্রকের বিভিন্ন কণার শক্তির মূল একক ইলেকট্রন ভোল্ট (eV) তে প্রকাশ করা । একটি স্থির ইলেকট্রন কণা কে নিজস্ব ভরে এক সেন্টিমিটার দুরত্বে এক ভোল্ট

বিদ্যুৎ শক্তি প্রয়োগে যে গতিশক্তি অর্জন করে তাহাকে এক ইলেকট্রন ভোল্ট বলা হয়। আবার 1000 ইলেকট্রন ভোল্ট = 1 কিলো ইলেকট্রন ভোল্ট (KeV), 1000 কিলো ইলেকট্রন ভোল্ট = 1 মেগা ইলেকট্রন ভোল্ট (MeV), 1000 মেগা ইলেকট্রন ভোল্ট = 1 গিগা ইলেকট্রন ভোল্ট (GeV), 1000 গিগা ইলেকট্রন ভোল্ট = 1 টেরা ইলেকট্রন ভোল্ট (TeV) হয়।

পরমাণুর আইসোটোপ: বিজ্ঞানী ফ্রেড্রিক সোডি, পরমানুর তেজস্ক্রিয় বিকিরন ধর্ম পর্য্যবেক্ষন করার সময় দেখেন যে কিছু অতিরিক্ত পরমাণু পর্য্যায় সারণীর (periodic table) একই জায়গায় অবস্থান করছে।যাহা পরে একই মৌলিক পদার্থের পরমাণু বলে জানা গেল, কিন্তু ভর ভিন্ন, কারণ কেন্দ্রকে অতিরিক্ত নিউট্রণ কণা থাকার ফলে এটা হয়।এই ধরনের পরমাণুকে আইসোটোপ রূপে অভিহিত হলো।এই ধরনের আইসোটোপের কিছু স্থায়ী বা তেজস্ক্রিয় হয়।

যেমন হাইড্রোজেনের ক্ষেত্রে হাইড্রোজেন (H), ডয়টরণ (D), ট্রিশিয়াম (T) আইসোটোপ রূপে পাওয়া যায়।হাইড্রোজেনের কেন্দ্রকে একটি প্রোটন, ডয়টরণের কেন্দ্রকে একটি প্রোটন ও একটি নিউট্রন এবং ট্রিশিয়ামের কেন্দ্রকে একটি প্রোটন ও দুটি নিউট্রণ কণা থাকে।তাহার মধ্যে ট্রিশিয়াম তেজস্ক্রিয় হয়। কার্বন 12 স্থায়ী, যাহার কেন্দ্রকে ছটি প্রোটন ও ছটি নিউট্রন কণা থাকে কিন্তু কার্বন 14 তেজস্ক্রিয় যাহার কেন্দ্রকে ছটি প্রোটন ও আটটি নিউট্রন কণা থাকে।

বিজ্ঞানী জে জে থমসন আইসোটোপ গুলি আলাদা করার পদ্ধতি বের করেন।এরপর ফ্রান্সিস উইলিয়াম এস্টন মাস স্পেক্ট্রোমিটার এ্যানালাইজার তৈরী করেন, যাহার দ্বারা পরমাণুর সঠিক ভর নির্ণয় করা সম্ভব হলো এবং দেখা গেলো যে আইসোটোপের ভর পূর্ণাঙ্গ সংখ্যায় পরিবর্তিত হয়।

কোয়ান্টাম তত্ত্ব: পরমাণুর কেন্দ্রকের চারপাশে আবর্তনরত ইলেকট্রন কণার আচরণ ও শক্তি ব্যাখ্যা বিজ্ঞানী নীলস বোর (Neils Bohr) করেন।সেই অনুযায়ী একেকটি নির্দিষ্ট কক্ষপথে নির্দিষ্ট শক্তি বা কোয়ান্টা (quanta) তে ইলেকট্রন কণারা বিচরণ করে।এর ফলে ইলেকট্রন কণারা নিম্নস্তরের কক্ষপথে অবতীর্ন

হলে কিছু নির্দিষ্ট শক্তি বা কোয়ান্টাতে শক্তি বিকিরণ হয়।আবার কোনো বিকিরণ শোষণের ফলে ইলেকট্রন কণারা উচ্চ স্তরে উন্নীত হয়।

এই আবিষ্কারের ফলে কোয়ান্টাম বলবিদ্যার (quantum mechanics) বা কোয়ান্টাম পরিসংখ্যানের (quantum statistics) জন্ম হয়।যাহার ফলে পদার্থ বিদ্যার গবেষণায় নুতন দিগন্ত শুরু হয়।

হেনরী মোসলের পরীক্ষা দ্বারা নীলস বোরের তত্ত্বের যৌক্তিকতা প্রমাণিত হয়।এর ফলে আরেকটি জিনিস জানা গেল কেন্দ্রকে মোট ধনাত্মক আধান এর সংখ্যা পর্য্যায় সারণীতে ব্যবহৃত পরমানুর সংখ্যার সমান হয়। কোয়ান্টাম বল বিদ্যার সনাতনী গ্যালিলিও, নিউটনের বলবিদ্যার সীমাবদ্ধতা প্রকাশ করে দেয়। কারন কোয়ান্টাম বলবিদ্যার ক্ষেত্র পারমাণবিক বা অধঃকেন্দ্রীন (sub nuclear) অঞ্চলে যেমন প্রযোজ্য, তেমনি বিশ্ব ব্রহ্মান্ডের বিশালতার ক্ষেত্রেও প্রযোজ্য।

মৌলিক পদার্থের পরমাণুদের মধ্যে রাসায়নিক বিক্রিয়ায় যে বন্ধন (bond) তৈরী হয় তাহা গিলবার্ড নিউটন লুইস ব্যাখ্যা করেন।পরে আর্ভিং ল্যাঙ্গমূর প্রস্তাব করেন পরমাণুর ইলেকট্রন কণারা একক বা গুচ্ছ আকারে থাকার বিশেষ নিয়মে থাকার সম্ভাবনা আছে।এরপর স্টার্ণ-গারলাক (Stern, Gerlach) পরীক্ষা দ্বারা পরমাণুর কোয়ান্টাম প্রকৃতির পরিচয় পাওয়া যায়।

পরমাণুর ইলেকট্রন কণারা বিভিন্ন কক্ষপথে, শক্তি স্তরে বিভক্ত থাকে। যাহাকে ব্যাখ্যা করার জন্য চার রকম কোয়ান্টাম সংখ্যার প্রবর্তন হয়।এইগুলি হল প্রধান কোয়ান্টাম সংখ্যা, কৌণিক কোয়ান্টাম সংখ্যা, চৌম্বক কোয়ান্টাম সংখ্যা, ঘুর্ণন বা স্পিন কোয়ান্টাম সংখ্যা নামে পরিচিত হয়।যাহাদের দ্বারা বিভিন্ন কক্ষপথের ইলেকট্রন কণাদের চিন্হিত এবং আচরণ ব্যাখ্যা করা যায়।তাছাড়া বিভিন্ন কক্ষপথে ঘুর্ণনরত ইলেকট্রন কণাদের কোয়ান্টাম সংখ্যা কখনই হুবহু এক হয় না, যাহা বিজ্ঞানী পাউলির বিবর্জন সূত্র (Pauli's exclusion principle) মেনে চলে।

পদার্থের এবং শক্তির স্বরূপ

বস্তু কণার দ্বৈতরূপ: 1924 সালে লুই ডি ব্রগলি (Louis de Broglie) একটি প্রস্তাবে বস্তুর কণা বা তরঙ্গ রূপের দ্বৈততার কথা বলেন।পরে আরউইন শ্রডিনঞ্জার (Erwin Schrodinger) 1926 সালে গাণিতিক মডের দ্বারা উপরোক্ত বিষয় আরও ভালোভাবে বোঝানোর চেষ্টা করেন।

কিন্তু আরও নুতন কিছু সমস্যার বিষয় কে ভালভাবে বোঝার জন্য ওয়ার্নার হাইজেনবার্গ অনিশ্চয়তা সূত্র (uncertainty principle) উদ্ভাবন করেন। যাহাতে বস্তুর স্থান এবং ভরবেগ মাপার সময় তাত্ত্বিক ভাবে সামান্য ত্রুটির অনিশ্চয়তা দেখা যায়।পরে পরীক্ষার দ্বারা বিজ্ঞানী জর্জ প্যাগেট থমসন এবং ক্লিন্টন জোসেফ ডেভিসন আলাদা ভাবে ইলেকট্রনের তরঙ্গ এবং কণার দ্বৈত রূপ দেখতে পান।

তেজস্ক্রিয় বিকিরণ এবং কৃত্রিম প্রয়াস: প্রকৃতিতে প্রাপ্ত কিছু পরমাণুর আইসোটোপের তেজস্ক্রিয় ধর্ম আছে।যেমন ইউরেনিয়াম, রেডিয়াম, পোলোনিয়াম, প্লুটোনিয়াম, থোরিয়াম ইত্যাদি।এই সমস্ত পরমাণুর তেজস্ক্রিয় আইসোটোপ সমুহ থেকে তেজস্ক্রিয় বিকিরণে শক্তি নির্গত হয় এবং পরমাণু বিভাজিত হয়।এই তেজস্ক্রিয় বিকিরণ মূলত বিটা কণা, আলফা কণা এবং গামা রশ্মি আকারে বের হয়।এরমধ্যে বিটা কণা হলো উচ্চ গতিশক্তি যুক্ত ইলেকট্রন বা পজিট্রন কণা এবং আলফা কণা গতিশক্তি যুক্ত হিলিয়াম আয়ন।আবার গামা রশ্মি হলো উচ্চ শক্তির ফোটন কণা, যাহাকে তড়িৎচৌম্বকীয় তরঙ্গ রূপেও গন্য করা হয়।এখানে বলা প্রয়োজন যে রেডিয়াম, পোলোনিয়াম নামে তেজস্ক্রিয় ধাতু আবিষ্কারের জন্য মাদাম কুরী 1911 সালে রসায়নে নোবেল পুরস্কার পান।এর পূর্বে কুরী দম্পতি এবং বেকারেল যৌথভাবে 1903 সালে তেজস্ক্রিয়তার উপর কাজ করার জন্য পদার্থ বিজ্ঞানে নোবেল পুরস্কার পান।বিভিন্ন তেজস্ক্রিয় আইসোটোপ প্রাকৃতিক বা কৃত্রিম থেকে আরও বিভিন্ন প্রকার শক্তিযুক্ত কণা যেমন নিউট্রন, পজিট্রন ইত্যাদি বের হতে পারে।

তেজস্ক্রিয় পদার্থ বিকিরণের মাধ্যমে ভাঙার ফলে বস্তুর ভর সময়ের সঙ্গে হ্রাস পায়। যে সময়ে নির্দিষ্ট ভরের তেজস্ক্রিয় পদার্থ বিকিরণের মাধ্যমে অর্ধেক ভরে পরিণত হয়, সেই সময় কে তেজস্ক্রিয় পদার্থের অর্ধায়ু বলে।

জার্মান বিজ্ঞানী অটো হান এবং ফ্রিৎস স্ট্রাসম্যান একগুচ্ছ নিউট্রণ কণা ইউরেনিয়াম ধাতুপাতে ফেলে দেখেন নুতন মৌল বেরিয়ামের এবং কিছু শক্তির উৎপত্তি হয়েছে।এরপর লিজ মাইটনার এবং তার ভ্রাতুষ্পুত্র অটো ফ্রিৎস পুনরায় পরীক্ষা দ্বারা এটিকে পরীক্ষাগারে কৃত্রিমভাবে কেন্দ্রকীয় বিয়োজন বিক্রিয়া বলে অভিহিত করেন।যদিও লিজ মাইটনার এবং অটো ফ্রিৎসের দাবি তখন স্বীকৃতি পায়নি এবং পরে 1944 সালে অটো হান রসায়নে নোবেল পুরস্কার পান।

ভরের শক্তিতে রূপান্তর ও আপেক্ষিকতাবাদ: উপরোক্ত কৃত্রিম ভাবে কেন্দ্রকীয় বিয়োজন বিক্রিয়া সংঘটনের ফলে একটি সমস্যা দেখা গিয়েছিল।তাহা হলো বিক্রিয়াপূর্ব বস্তুকণার ভর, বিক্রিয়া পরবর্তী বস্তুকণার ভরের তুলনায় বেশী। এরফলে যে সামান্য ভরের হ্রাস পর্য্যবেক্ষন হলো তাহার সঠিক উত্তর বিজ্ঞানী দের সেই মুহূর্তে জানা ছিলনা।

পরে জানা গেল যে হ্রাস পাওয়া বস্তু কণার ভর শক্তিতে রূপান্তরিত হয়েছে।যাহা আইনস্টাইনের বিশেষ আপেক্ষিকতাবাদের ভর ও শক্তির তুল্যাঙ্ক সমীকরণ $E = mc^2$ (E = উৎপন্ন শক্তি, m = বস্তু কণার ভর এবং c = শূন্যে আলোর গতিবেগ) দ্বারা ব্যাখ্যা করা সম্ভব।আবার এই ভর ও শক্তির তুল্যাঙ্ক সমীকরণ দ্বারা কেন্দ্রকের লীন ভরের তুল্য শক্তি কেন্দ্রকের বন্ধন শক্তি রূপে কাজ করার সদুত্তর পাওয়া গেল।

পরমাণুর কেন্দ্রকীয় বিক্রিয়া বিভিন্ন ধরণের হতে পারে, তবে মূখ্যভাবে সংযোজন (fusion) এবং বিয়োজন (fission) নামে পরিচিত।এই কেন্দ্রীন বিক্রিয়ায় লুপ্ত ভর শক্তিতে রূপান্তরিত হয় বিভিন্ন প্রকার বিকিরণের মাধ্যমে।

আবার বিয়োজন বিক্রিয়ায় ইউরেনিয়াম 235 এবং প্লুটোনিয়াম 239 পরমাণু ভাঙ্গার ফলে শক্তি উৎপন্ন হয়।

এই পারমাণবিক বিক্রিয়া পরমাণু বোমা এবং পরমাণু চুল্লীতে বিদ্যুৎ উৎপাদনের কাজে ব্যবহার হয়।উভয়ক্ষেত্রে পরমাণুর কেন্দ্রকীয় বিক্রিয়া বিয়োজন পদ্ধতিতে হয়।প্রথম ক্ষেত্রে কেন্দ্রকীয় বিক্রিয়া অনিয়ন্ত্রিত এবং দ্বিতীয় ক্ষেত্রে সুনিয়ন্ত্রিত ভাবে হয়।আবার সংযোজন কেন্দ্রকীয় বিক্রিয়ার উদাহরণ স্বরূপ সূর্য্যে হাইড্রোজেন আয়নগুলির সংযোজনে হিলিয়াম ও শক্তি উৎপন্ন হয়। এই সংযোজন বিক্রিয়া কৃত্রিমভাবে হাইড্রোজেন বোমায় ব্যবহার করা হয়।

কেন্দ্রক কণা এবং প্রতিকণা: পরমাণুর মূল গঠণ ইলেকট্রন, প্রোটন এবং নিউট্রন কণা দ্বারা গঠিত।কিন্তু পরে এদের প্রতিকণাগুলি পাওয়া গেল, যেমন ইলেকট্রনের ক্ষেত্রে পজিট্রন, প্রোটনের ক্ষেত্রে এ্যান্টিপ্রোটন।এদের ভর সমান হলেও আধান বিপরীত অর্থাৎ পজিট্রন ধনাত্মক আধানযুক্ত এবং এ্যান্টিপ্রোটন ঋনাত্মক আধানযুক্ত হয়।

আবার তড়িৎ নিরপেক্ষ নিউট্রন কণার প্রতিকণা এ্যান্টিনিউট্রন পাওয়া গেল।আবার প্রতিকণাদের দ্বারা গঠিত হতে পারে প্রতিবস্তু, যেমন হাইড্রোজেনের প্রতিপরমাণু রূপে এ্যান্টিহাইড্রোজেন সার্নের গবেষণাগারে তৈরী করা সম্ভব হয়েছে। সাধারণ হাইড্রোজেনের পরমাণুর ন্যায় এ্যান্টি হাইড্রোজেনের কেন্দ্রকে এ্যান্টি প্রোটন এবং বহিকক্ষপথে পজিট্রন কণা থাকে।

কেন্দ্রক কণা এবং প্রতিকণাগুলি সম্মিলিত হলে উভয়েই ধ্বংস প্রাপ্ত হয়ে একজোড়া বিপরীত মুখী ফোটন কণা সৃষ্টি করে।যেমন ইলেকট্রন, পজিট্রন সম্মেলনে বিপরীত মুখী একজোড়া 511 KeV গামা রশ্মি তৈরী হয়।এটা পদার্থের সরাসরি শক্তিতে রূপান্তরের উপযুক্ত উদাহরণ।আবার শক্তির পদার্থে রূপান্তরের উদাহরণ স্বরূপ 1.02 MeV শক্তির বেশী শক্তিযুক্ত গামা রশ্মি পুরু

সীসার (lead) পাতে পড়লে বিপরীত মুখী ইলেকট্রন - পজিট্রন জোড়া তৈরী হয়।অনুরূপভাবে বস্তু এবং প্রতিবস্তুর সংযোগে উভয়েই ধ্বংস হয়ে শক্তিতে রূপান্তরিত হয়।

অধঃকেন্দ্রীণ কণা সমুহ: (sub nuclear particle) পরমাণুর গঠন উন্নমোচন করার পর ইলেকট্রন, প্রোটন এবং নিউট্রন কনার সন্ধান পাওয়া গেলো।প্রোটন এবং নিউট্রন কণারা হ্যাড্রন নামে পরিচিত হলো। যাহা পরে বিভিন্ন অধঃকেন্দ্রীন কণা দ্বারা গঠিত বলে জানা গেলো।এই অধঃকেন্দ্রীণ কণারা কোয়ার্ক (quark) নামে পরিচিত হলো। যাহা পদার্থ বিদ্যার কণাবিদ্যা (particle physics) শাখায় ব্যবহৃত 'স্ট্যান্ডার্ড মডেল' (standard model) দ্বারা ব্যাখ্যা করা যায়।

এখানে বলা প্রয়োজন যে নিউট্রন কণার কতক গুলি বৈশিষ্ট্য যেমন তড়িৎ নিরপেক্ষ ধর্ম, প্রোটনের তুলনায় সামান্য বেশী ভর, চৌম্বক ভ্রামকের (magnetic moment) অস্তিত্ব এবং নিউট্রন কণার প্রতিকণা এ্যান্টিনিউট্রনের অস্তিত্ব।সাধারণত আধানযুক্ত কণার ক্ষেত্রে চৌম্বক ভ্রামক থাকার কথা, তবে কি নিউট্রন কণা আরও ছোটো আধানযুক্ত কণা দ্বারা গঠিত।এর উত্তর গ্যেলম্যান (Gellmann) দ্বারা পাওয়া গেল।পরে জানা গেলো প্রোটন এবং নিউট্রন কণারা আরও এক ধরনের কতকগুলি অধঃকেন্দ্রীণ কণা দ্বারা গঠিত।এই অধঃকেন্দ্রীণ কণারা পরে কোয়ার্ক নামে পরিচিত হলো।

কোয়ার্ক কণাগুলি কোনোসময় স্বাধীণ ভাবে থাকা বা মুক্ত করা অসম্ভব। কোয়ার্কের আধান ইলেকট্রনের আধানের 1/3 বা 2/3 হয়, আধানের প্রকৃতি ধনাত্মক বা ঋনাত্মক হয়।এছাড়া কোয়ার্কেরও প্রতিকণা বা এ্যান্টিকোয়ার্ক হয়, সাধারণত কোয়ার্ককে ফ্লেবার (flavor) নামক পরিভাষা এবং আরেকটি পরিভাষা কালার চার্জ (color charge) দ্বারা চিন্হিত করা হয়।কোয়ার্কের ফ্লেবার ছয় প্রকার এবং আধান প্রকৃতি যথা আপ (up) (2/3e), ডাউন (down) (-1/3e), স্ট্রেনজ (strange) (-1/3e), চার্‌ম (charm) (2/3e), বটম (bottom) (-1/3e), টপ (top) (2/3e) রূপে ভাগ করা হয়েছে।

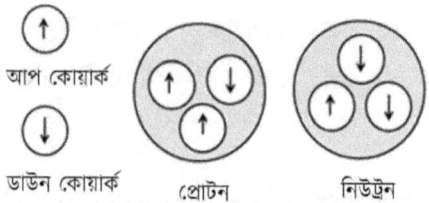

1.2 ছবি – কোয়ার্ক কণা দ্বারা প্রোটণ, নিউট্রন কণার

অনুরূপভাবে কোয়ার্কের কালার চার্জ (color charge) তিনভাবে নামাঙ্কিত করা হয়েছে, যেমন লাল (red), নীল (blue), সবুজ (green) হিসাবে।একটি প্রোটন কণা দুটি আপ এবং একটি ডাউন কোয়ার্ক দ্বারা তৈরী।অনুরূপ ভাবে নিউট্রন কণা দুটি ডাউন এবং একটি আপ কোয়ার্ক দ্বারা তৈরী।প্রোটন কণা এবং নিউট্রন কণা কে সম্মিলিত ভাবে হ্যাড্রন কণা হিসাবে চিন্হিত করা হয়।

মৌলিক বল সমুহ এবং বাহক কণা: বিভিন্ন প্রকার কণার বা বস্তুর মধ্যে ক্রিয়াকলাপ বা মিথস্ক্রিয়া (interaction) মৌলিক চার প্রকার বল (force) দ্বারা হয়।এগুলি হল গুরু বল (strong force), লঘু বল (weak force), তড়িৎ চৌম্বকীয় বল (electromagnetic force) এবং মাধ্যাকর্ষণ বল (gravitational force) । এদের মধ্যে গুরু বল সবচেয়ে শক্তিশালী কিন্তু কার্য্যসীমা পরমাণুর কেন্দ্রকের ভেতর খুবই কম অঞ্চলে সীমাবদ্ধ হয়।যাহার ফলে একাধিক প্রোটন কণা সমুহ তড়িৎচৌম্বকীয় প্রভাবে সাধারণত বিকর্ষিত হয়। কিন্তু খুবই কম অঞ্চলে আসলে প্রোটন নিউট্রন কণারা গুরু বলের ক্রিয়ায় প্রচন্ড আকর্ষণে পরমাণুর কেন্দ্রকে বন্ধন তৈরী করে।

বিটা বিকিরণের ফলে লঘু বলের অস্তিত্ব প্রমান হয়।লঘু বলের পরিমান গুরু বলের তুলনায় অনেক কম এবং কার্য্যসীমা খুবই কম অঞ্চলের মধ্যে আবদ্ধ থাকে। তড়িৎচৌম্বকীয় বলের পরিমান গুরু বলের তুলনায় কম এবং লঘু বলের চেয়ে বেশী কিন্তু কার্য্যসীমা কেন্দ্রকের বাইরে বহুদূর পর্য্যন্ত ব্যাপ্ত থাকে। সব

শেষে মাধ্যাকর্ষণ বল অপেক্ষাকৃত কম শক্তিশালী এবং এর সীমা অসীম পর্য্যন্ত বিস্তারিত হয়।

উপরোক্ত চারটি বল ক্রিয়া করার সময় কোনো এক বাহক কণার দরকার হয়।প্রথমে তড়িৎচৌম্বকীয় বলের ক্ষেত্রে ফোটন কণা দ্বারা মিথস্ক্রিয়া সম্পন্ন হয়।লঘু বলের ক্ষেত্রে তিনপ্রকার কণা যথা W^+, W^-, Z^0 মিথস্ক্রিয়া সম্পন্ন করে।এদের বিষয়ে পরীক্ষাগারে সুস্পষ্ট প্রমাণ পাওয়া গেছে। গুরু বলের ক্ষেত্রে গ্লুয়ণ কণারা, যাহার অনেক প্রকার ভেদ আছে।যাহা কেন্দ্রক কণাসমুহে, অধঃকেন্দ্রক রূপে কোয়ার্কদের বলিষ্ঠ বন্ধনের জন্য দায়ী।এগুলির সঠিক পরিচয় নির্ধারণের প্রয়াস বৃহৎ পরীক্ষাগার সমুহে চলছে।

মৌলিক বলের বাহক কণা সমুহ বোসন নামে খ্যাত কারন এগুলি বোস-আইনস্টাইন পরিসংখ্যান (Bose Einstein statistics) মেনে চলে।এই পরিসংখ্যানের প্রবক্তা বিশিষ্ট বাঙ্গালী বিজ্ঞানী আচার্য্য সত্যেন্দ্রনাথ বোস এবং বিশ্ববিশ্রুত বিজ্ঞানী এ্যালবার্ট আইনস্টাইন।এছাড়া কিছু কণা সমুহ আরেক ধরনের পরিসংখ্যান মেনে চলে।যাহা ইটালিয়ান বিজ্ঞানী এনরিকো ফার্মি (Enrico Farmi) দ্বারা উদ্ভাবিত।এদের ফার্মিয়ন নামে অভিহিত করা হয়।যাহা 1.3 ছবিতে দেখানো হয়েছে।

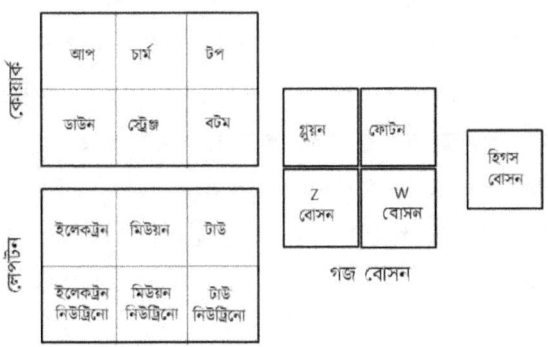

1.3 ছবি – মৌলিক কণা কোয়ার্ক, লেপ্টন এবং গজ বোসোন কণা সমুহ

মাধ্যাকর্ষণ বলের ক্ষেত্রে এখনও পর্য্যন্ত তাত্ত্বিক এবং কাল্পনিক ভরহীন, আধানহীন ক্ষুদ্র কণা গ্র্যাভিটন যাহার অস্তিত্ব প্রমান হয়নি।এছাড়া বিভিন্ন কণার ভরের জন্য বাহক কণা হিসাবে, হিগস বোসন বা ইশ্বরকণা সবে সার্নের গবেষণা গারে সন্ধান পাওয়া গেছে।হিগস বোসনের সম্ভাব্য আবিষ্কারের জন্য তত্ত্ববিদ পিটার হিগস সহ অন্যান্য বিজ্ঞানীদের 2013 সালের পদার্থবিদ্যার নোবল পুরস্কার প্রাপ্তি ঘটে।এখানে বলা প্রয়োজন ইশ্বরকণা বা হিগস বোসনের সঙ্গে ঈশ্বরের অস্তিত্বের কোনো সম্পর্ক নেই।

লঘু বল ও নিউট্রিনো কণা: বিটা বিকিরণের সময় দেখা গেল উচ্চ গতিশক্তিযুক্ত ইলেকট্রন, পজিট্রন কণাদের শক্তি নির্দিষ্ট নয়, বরং নিরবিচ্ছিন্ন (continuous)। যাহা বোরের পরিসংখ্যানের পরিপন্থি।পরে জানা গেল বিটা বিকিরণের সময় শুধুমাত্র ইলেকট্রন বা পজিট্রন নিসঃরণ হয় না সাথে তড়িৎ নিরপেক্ষ ক্ষুদ্র প্রায় ভরহীন কণা বের হয়।ফলে নিসঃরিত মোট শক্তির সংরক্ষণতা বজায় থাকে।এই তড়িৎ নিরপেক্ষ ক্ষুদ্র প্রায় ভরহীন কণা, পরে নিউট্রিনো নামে পরিচিত হলো। নিউট্রিনো কয়েক প্রকারের হয়।যেমন টাও নিউট্রিনো, ইলেকট্রন নিউট্রিনো, মিউওন নিউট্রিনো এবং এদেরও প্রতিকণা আছে।সূর্য্য এবং মহাজাগতিক রশ্মি থেকে প্রচুর নিউট্রিনো পৃথিবীতে আসে।

মৌলিক কণা সমুহ: বিভিন্ন কণা আবিষ্কার বা প্রস্তাবনার পর জানা মৌলিক কণাগুলির মধ্যে মৌলিক ফার্মিয়নগুলি হল কোয়ার্ক, লেপটন, এ্যান্টিকোয়ার্ক, এ্যান্টিলেপটন সমুহ।যাহারা বস্তুকণা (matter particle) নামে পরিচিত।পূর্বে কোয়ার্ক ছয় প্রকার দেখেছি এবং তাহাদের ছয়টি প্রতিকণারা এ্যান্টিকোয়ার্ক নামে পরিচিত।লেপটন কণা গোষ্ঠিতে ইলেকট্রন, মিউয়ন, ইলেকট্রন-নিউট্রিনো, মিউয়ন-নিউট্রিনো, টাউ-নিউট্রিনো অন্তরভূক্ত এবং অনুরূপ ভাবে এ্যান্টিলেপটন গোষ্ঠি প্রতিকণা দ্বারা গঠিত।

আবার মৌলিক বোসন কণারা গজ বোসন (gauge boson) এবং হিগস বোসন নামে পরিচিত।এর মধ্যে গজ বোসন হল মৌলিক বল বহনকারী ফোটন,

গ্লুয়ন, W^+, W^-, Z^0 কণারা এবং কল্পিত গ্র্যাভিটন।যেগুলি ফার্মিয়নদের সঙ্গে মিথস্ক্রিয়া সম্পন্ন করে।এছাড়া কিছু মিশ্র কণা আছে, যেমন প্রোটন, নিউট্রন ইত্যাদি একাধিক মৌলকণা (কোয়ার্ক) দ্বারা গঠিত, যাহা পূর্বে বলা হয়েছে।

কোয়ার্ক গ্লুয়ন প্লাজমা: কোয়ার্ক কণাগুলিকে আলাদা করা যায় না কারণ প্রথমত কোয়ার্ক কে গুরু বল মুক্ত করার জন্য প্রচুর শক্তির প্রয়োজন এবং এই প্রযুক্ত শক্তি আলাদা করার জন্য সামান্যতম ব্যবধান ঘটলে কমার বদলে আরও বেড়ে যায়।এই বাড়তি শক্তিতে নুতন কোয়ার্ক এবং এ্যান্টিকোয়ার্ক জোড়া তৈরী হয়।যাহাপরে জোড়া লেগে মেসন কণায় পরিণত হয়।ফলে কোয়ার্ক কে আলাদা করা কখনই সম্ভব নয়।

কিন্তু কোনো কেন্দ্রক যাহা কোয়ার্ক দ্বারা গঠিত যেমন প্রোটন, নিউট্রন যুক্ত কেন্দ্রক কণাদের প্রচন্ড শক্তিতে চাপ প্রয়োগ করা হয়।এতে কোয়ার্ক কণাগুলি অস্থায়ী ভাবে একটি অবয়ব তৈরী করে যাহার মধ্যে কোয়ার্ক এবং গুরু বল বহনকারী গ্লুয়ন কণাগুলি সাময়িক ভাবে বিচরণ করার সুযোগ পায়।এই অস্থায়ী অবস্থার আয়ুষ্কাল মাত্র 10^{-23} সেকেন্ড যাহা সরাসরি যন্ত্র দিয়ে মাপা সম্ভব নয়। এই অবস্থাকে কোয়ার্ক গ্লুয়ন প্লাজমা (Quark Gluon Plasma – QGP) বলে। কিন্তু কিছু অপ্রত্যক্ষ প্রমাণ যেমন অস্থায়ী মেসন গঠন, অতি উচ্চ শক্তির গামা রশ্মি নিসঃরণ ইত্যাদি দ্বারা অপ্রত্যক্ষ ভাবে মাপা সম্ভব।

বস্তুকে ভাঙ্গার প্রয়াস: বস্তুকে ভাঙ্গতে হলে শক্তির প্রয়োগ করতে হয় এবং আঘাত করার জন্য যে বস্তু ব্যবহার হয় তাহার আয়তন এবং শক্তি, মূল বস্তুর আয়তনের উপর নির্ভরশীল।অর্থাৎ বস্তুর আকার যত ছোটো হবে তত আঘাত কারী বস্তুর আকার ছোটো এবং বেশী শক্তি প্রয়োগ করতে হয়।এই জন্য কণা ত্বরণ যন্ত্র (particle accelerator) নির্মানের দরকার হলো।

বর্তমানে কণা ত্বরণ যন্ত্র এবং কণা নিরীক্ষণ যন্ত্র (particle detecter) বা 'ডিটেকটার' এর প্রভূত উন্নতি হওয়ার ফলে উচ্চশক্তি যুক্ত পরমাণুর সংঘর্ষ পর্য্যবেক্ষণ করা সহজ হলো। এই কণা ত্বরণ যন্ত্র এবং নিরীক্ষণ যন্ত্র বিভিন্ন ধরণের হতে পারে যাহা পরে তৃতীয় অধ্যায়ে এবং কণা নিরীক্ষণ যন্ত্র পঞ্চম অধ্যায়ে বলা হয়েছে।

দ্বিতীয় অধ্যায়

ব্রহ্মান্ডের সৃষ্টি তত্ত্ব

আমরা দিনের বেলায় আকাশে সূর্য্যকে দেখি।কিন্তু রাত হলে চাঁদ ছাড়াও কিছু গ্রহ, বিভিন্ন ধরনের অসংখ্য নক্ষত্র ইত্যাদি দেখি।এই নক্ষত্রদের সংখ্যা গুনে শেষ করা যায় না। মনে হয় কবে এগুলি সৃষ্টি হয়েছিল, কবে ও কোথায় এদের শেষ।আমরা যে সূর্য্যকে দেখি, তাহা আসলে অতি কাছের একটি নক্ষত্র যাহাকে দিয়ে ব্রহ্মান্ডের সৃষ্টির কথা শুরু করা যাক।

সূর্য্য: সূর্য্য আমাদের কাছে শক্তির উৎস।সৌর মন্ডলীতে সূর্য্য প্রধাণ ভূমিকা নেয়। সূর্য্যের চারপাশে নয়টি গ্রহ বিভিন্ন কক্ষপথে ঘুরছে। প্রায় একশোর মতো উপগ্রহ যাহা বিভিন্ন গ্রহের বিভিন্ন কক্ষপথে ঘুরছে।যেমন পৃথিবীর চার পাশে চাঁদ উপগ্রহ রূপে ঘুরছে।কয়েক লক্ষ গ্রহাণুপুঞ্জ এবং অসংখ্য ধূমকেতু সূর্য্যের চারদিকে প্রদক্ষিণ করছে।

সূর্য্য এবং সৌর মন্ডলীর সৃষ্টি সুপারনোভার (supernova) ধ্বংশাবশেষ থেকে হয় বলে অনুমান করা হয়।যাহা প্রায় পাঁচ বিলিয়ন বছর আগে হয়।সেই ভাবে সূর্য্য হল একটি মধ্যম শ্রেণীর নক্ষত্র, যেখানে মূলত হাইড্রোজেন, কিছু হিলিয়াম এবং অন্যান্য হাল্কা মৌলের অস্তিত্ব পাওয়া গেছে।

সূর্য্য হল একটি অত্যধিক উত্তপ্ত গ্যাসীয় পিন্ড। যাহার ব্যাস 13.9 লক্ষ কিলোমিটার। সূর্য্যের ভর 3.3×10^{23} কিলোগ্রাম।পৃথিবী এবং সূর্য্যের দুরত্ব প্রায় 1500 লক্ষ কিলোমিটার।সূর্য্যের কেন্দ্রস্থলের তাপমাত্রা 8 থেকে 40 মিলিয়ন ডিগ্রী সেলসিয়াস।পৃথিবী সূর্য্যের চারপাশে একটি উপবৃত্তাকার কক্ষপথে ঘুরছে। সূর্য্যের কেন্দ্রস্থলে প্রচন্ড মাধ্যাকর্ষণ বলের ফলে, খুব অল্প পরিসরে অত্যন্ত ঘনত্বের ফলে কেন্দ্রক সংযোজন বিক্রিয়া প্রচন্ড ভাবে ঘটে চলেছে। কিছু ধরনের

সংযোজন বিক্রিয়া সূর্য্যের কেন্দ্রস্থলে চলছে বলে জানা গেছে। যেমন হাইড্রোজেন, হিলিয়াম, কার্বন চক্রের (cycle) বিক্রিয়ায় শক্তি উৎপন্ন হচ্ছে।

ছায়াপথ এবং নিহারিকা: সূর্য্য হল একটি নক্ষত্র এবং এর থেকে অনেক বিশাল বড় নক্ষত্র সমুহ মহাকাশে দূর দূরান্তে ছড়িয়ে আছে।সৌর জগতের বাইরে অসংখ্য নক্ষত্রমন্ডলী আকাশের চারদিকে দেখা যায়।তবে আকাশের একটি সরল রেখা বরাবর মহাকাশে পর্য্যবেক্ষণ করার সময় দূর আকাশে কিছু অঞ্চলে হাল্কা মেঘপুঞ্জের মত দেখায়।যাহা পরে ইংরাজ বিজ্ঞানী উইলিয়াম হার্সলে পর্য্যবেক্ষণ করে বলেন ঐ হাল্কা মেঘপুঞ্জের মত অঞ্চল আসলে ছায়াপথ (milky way)। এই ছায়াপথ আসলে কোটি কোটি নক্ষত্রের সমষ্টি যাহা নিহারিকা বা গ্যালাক্সি (galaxy) নামে পরিচিত।

এই ছায়াপথের অসংখ্য গ্যালাক্সির মধ্যে অ্যান্ড্রোমিডা গ্যালাক্সি সবচেয়ে কাছে। যাহার দূরত্ব সূর্য্য থেকে প্রায় 2.5 মিলিয়ন আলোক বর্ষ দুরে।এক আলোক বর্ষ হল সেই দূরত্ব, যে দূরত্বে আলো পৌছাতে এক বছর সময় নেয়। যেখানে আলোর গতিবেগ শুন্যে 300,000 কিলোমিটার প্রতি সেকেন্ডে হয়। আবার কিছু অঞ্চল আছে যেখানে হাল্কা গ্যাস সমুহ, ধুলিকণা ইত্যাদি ছিটিয়ে থাকে। এই গ্যাস সমুহের মধ্যে হাইড্রোজেন, হিলিয়াম গ্যাসের পরিমান বেশী।

নক্ষত্রের জন্ম বা মৃত্যু: একটি জীবের যেমন জন্ম মৃত্যু হয় ঠিক তেমনি একটি নক্ষত্রের জন্ম বা মৃত্যু হয়।মহাকাশে ছায়াপথে এই গ্যাস সমুহ এবং ধুলিকণা মাধ্যাকর্ষণের প্রভাবে কেন্দ্রীভূত এবং সংকুচিত হয়ে নুতন নক্ষত্রের জন্ম হওয়ার পরিস্থিতি তৈরী করে।এরপরে আরও কেন্দ্রাতিগ মাধ্যাকর্ষণের প্রভাবে ক্রমাগত সংকোচনের ফলে সূর্য্যের কেন্দ্র স্থলের ন্যায় উচ্চতাপে কিছু ধরনের কেন্দ্রক সংযোজন বিক্রিয়া সংঘটিত হয়।নুতন নক্ষত্রের জন্ম নেওয়ার পর মাধ্যাকর্ষণের প্রভাবে মহাকাশের আরও গ্যাস সমুহ এবং ধুলিকণা নক্ষত্রমুখী আকর্ষণের ফলে নক্ষত্রের আকার এবং ভরের বৃদ্ধি ঘটে।নক্ষত্রের ভরের সীমা সূর্য্যের ভরের 1.44 গুনের বেশী হতে পারে।এই সীমাকে চন্দ্রশেখর সীমা বলে, যাহা ভারতীয়

জ্যোতির্বিজ্ঞানী সুব্রামণিয়াম চন্দ্রশেখরের নামে পরিচিত।এই সীমার বেশী ভরযুক্ত নক্ষত্রের ভরবৃদ্ধির সম্ভাবনা বেড়ে যায়।ফলে নক্ষত্রের উপর বিভিন্ন প্রভাব বিভিন্ন অবস্থায় হতে পারে।যেমন নক্ষত্রের ভর সূর্য্যের প্রায় তিন গুনের কম হলে দ্রুত অভিকর্ষীয় সংকোচনের ফলে ক্ষুদ্র হয়।এরফলে উন্মুক্ত তাপশক্তি বাইরের হাইড্রোজেন সমৃদ্ধ স্তরকে ফুলিয়ে দেওয়ার জন্য বাইরের আয়তন বৃদ্ধি পায়।এরফলে উজ্জ্বলতা হ্রাস পায়।তখন এই নক্ষত্রটিকে লাল দেখায়, তাই একে লাল দানব (red giant) নামে অভিহিত করা হয়।

সুপারনোভা: নক্ষত্রটির ভর যখন আট থেকে দশ গুন ভারী হয় তখন সূর্য্যের হাইড্রোজেন, হিলিয়াম চক্রের ন্যায় সংযোজন তাপ কেন্দ্রীন বিক্রিয়ার বদলে উচ্চস্তরের বিক্রিয়া ঘটে।অভিকর্ষীয় বলের প্রাবল্যে অতি উচ্চ চাপ, তাপমাত্রায় কার্বন চক্রের বিক্রিয়ার আধিক্য ঘটে এবং ভারী মৌল যেমন লোহাও উৎপন্ন হয়।এক সময় কেন্দ্র অঞ্চলে পারমাণবিক বিক্রিয়া বন্ধ হয়ে যায়।

তখন বহির্মুখী তাপের ঘাটতির ফলে বাইরের দিকের বস্তু হঠাৎ সংকোচিত হয়ে কেন্দ্রের দিকে ধাবিত হয়।যার ফলে সমগ্র নক্ষত্রটির ভেতর হঠাৎ অস্থিরতা উপস্থিত হয়।এর ফলে বিরাট বিস্ফোরণ ঘটে এবং বাইরের অংশের বস্তু মহাকাশে ছড়িয়ে পড়ে। এই বিস্ফোরণকে নোভা বা সুপারনোভা বলে।অতীতে এরকম সুপারনোভা দেখা গেছে।

সাম্প্রতিক কালে 1987 সালের 23 শে ফেব্রুয়ারী এক লক্ষ সত্তর হাজার আলোক বর্ষ দূরে সুপারনোভা বিস্ফোরন ঘটে।যাহা দূরবীন ছাড়াও এর থেকে আসা নিউট্রিনো কণিকার ঝাক পৃথিবীর গবেষণাগারের নিউট্রিনো ধরার যন্ত্রে ধরা পড়েছে।

নিউট্রন নক্ষত্র: সুপারনোভা বিস্ফোরণ ঘটার পর বাইরের অংশ আলাদা হয়ে যায়।কিন্তু কেন্দ্রীয় ভারী অংশ যাহা মূলত লোহার মত ভারী কেন্দ্রকের মাত্রা বেশী থাকে।এই অবস্থায় আরও সংকোচনের ফলে নক্ষত্রের আয়তন অনেক ছোটো হয়ে যায় এবং ঘনত্ব অত্যধিক বেড়ে যায়।এই অবস্থায় ভারী কেন্দ্রক

সমুহের অভ্যন্তরস্থ প্রোটনের সঙ্গে অতিচাপে মুক্ত ইলেকট্রন কণারা বিভিন্ন ধাপে যুক্ত হয়ে অতিরিক্ত নিউট্রন কণার সৃষ্টি করে।

এর ফলে নক্ষত্রের অধিকাংশ অঞ্চল শুধু ঘনীভূত নিউট্রনে ভর্তি থাকে এজন্য একে নিউট্রন নক্ষত্র বলে।নিউট্রন নক্ষত্রের আয়তন প্রায় 10 থেকে 20 কিলো মিটার ব্যাসার্ধ পর্য্যন্ত হতে পারে।এর ঘনত্ব প্রায় 10^{15} গ্রাম প্রতি ঘন সেন্টি মিটারে দাঁড়ায়। নিউট্রন নক্ষত্রের ভেতর থেকে শুধু নিউট্রিনো কণিকারা বের হতে পারে।

এখানে উদাহরণ রূপে বলা যায় যদি সূর্য্য নিউট্রন নক্ষত্রে পরিণত হয় তবে সেই নিউট্রন নক্ষত্রের ব্যাসার্ধ মাত্র 9 কিলোমিটার হবে।কিছু নিউট্রন নক্ষত্র খুব দ্রুত গতিতে প্রায় 30 বার প্রতি সেকেন্ডে ঘোরে।এর ফলে ঝাঁকে ঝাঁকে রেডিয়ো তরঙ্গ বিকিরণ হয় যা পৃথিবীর বিভিন্ন রেডিও টেলিস্কোপে ধরা পড়ে।এজন্য নিউট্রন নক্ষত্র কে পালসার (Pulser) নামেও অভিহিত করা হয়।

বামন নক্ষত্র: একটি নক্ষত্রের ভর যখন প্রায় সূর্য্যের সমান হয় এবং আয়তন প্রায় পৃথিবীর সমান হলে তখন শেষ পর্য্যায়ের কার্বন চক্রের (cycle) বিক্রিয়ায় শক্তি তৈরী হয়।একটি সময় কেন্দ্র অঞ্চলে পারমাণবিক বিক্রিয়া বন্ধ হয়ে যায়। তখন আবদ্ধ তাপের ফলে সঞ্চিত তাপশক্তির জন্য ক্রমশ সাদা দেখায় তাই একে সাদা বামন (white dwarf) পর্য্যায়ের নক্ষত্র বলা হয়। আমাদের নিকটস্থ সাইরাস-B (sirus-B) হল একটি সাদা বামন যার দূরত্ব 8.6 আলোক বর্ষ। আবার সাদা বামন পর্য্যায়ের নক্ষত্র ক্রমশ শীতল হওয়ার পর দৃশ্যমানতা হারায় তখন তাহাকে কালো বামন (black dwarf) বলা হয়।

কৃষ্ণ গহ্বর: একটি নক্ষত্রের ভর যখন অনেক বেশী হয় তখন তা কৃষ্ণ গহ্বরে পরিণত হওয়ার সম্ভাবনা থাকে।সেক্ষেত্রে নক্ষত্রের ভর M, নক্ষত্রের ব্যাসার্ধ r, মহাকর্ষীয় ধ্রুবক G এবং শুন্যে আলোর গতি হয় তবে $2GM/rc^2$ এর মান 1 এর সমান বা বেশী হলে নক্ষত্রটি কৃষ্ণ গহ্বরে (black hole) পরিণত হয়।

কৃষ্ণ গহ্বরের বাইরের পরিধি যা স্কওয়ার্জচাইল্ড (swartzchild) সীমা নামে পরিচিত। এই পরিধির ভেতর আলোক কণা প্রবেশ করলে তাও কৃষ্ণ গহ্বরে আবদ্ধ হয়।এই কৃষ্ণ গহ্বরের ধারনা আইনস্টাইনের সাধারণ আপেক্ষিকতা বাদের মধ্যেই নিহিত ছিল। যখন কোনো বিশাল নক্ষত্র শেষ অবস্থায় সংকোচন হয় তখন মধ্যাকর্ষণের ফলে চারপাশের মহাকাশের ভরযুক্ত বস্তু ভেতরে প্রবেশ করে নক্ষত্রের ভর বৃদ্ধি করতে থাকে।একটি সময় আসে যখন নক্ষত্রের ভর পূর্বোক্ত সমীকরণের শর্ত পূরণ করে এবং কৃষ্ণ গহ্বরে পরিণত হয়।

একটি কৃষ্ণ গহ্বরের ভেতর থেকে কোনো বিকিরণ বা কণা মধ্যাকর্ষণের টানে বের হতে পারে না।উপরন্তু বাইরের বিকিরণ বা কণাও কৃষ্ণ গহ্বরের ভেতর প্রবেশ করলে বের হতে পারে না।সুবিশাল কৃষ্ণ গহ্বরের ভর কয়েক মিলিয়ন সৌর ভরের সমান হয়।

কিছু জ্যোতির্বিজ্ঞানী বেশ কিছু কৃষ্ণ গহ্বরের সন্ধান মহাকাশে পেয়েছেন। তাহাদের আরও অনুমান ছায়াপথের মাঝখানে বড় কৃষ্ণ গহ্বরের অস্তিত্ব আছে।সরাসরি কৃষ্ণ গহ্বরের অস্তিত্ব বোঝা না গেলেও দুটি পরস্পর ঘুর্ণায়মান নক্ষত্র (binary star) কৃষ্ণ গহ্বরের কিছু দূরের কক্ষপথে চলার গতি পর্য্যবেক্ষণ করে কৃষ্ণ গহ্বরের অস্তিত্ব জানা সম্ভব।এছাড়া তীব্রবেগে কোনো বস্তু যেমন ধুলিকণা, গ্যাস কৃষ্ণ গহ্বরের প্রবেশ করার বহু পূর্বে অতি উত্তপ্ত অবস্থায় এক্সরশ্মি রূপে যে বিকিরণ বের করে তাহা পর্য্যবেক্ষণ করে কৃষ্ণ গহ্বরের অস্তিত্ব জানা যায়।এছাড়া বহুদূরের নক্ষত্রের আলো কৃষ্ণ গহ্বরের কিছুটা দূর দিয়ে পাশ কাটিয়ে আসার সময় মাধ্যাকর্ষণের প্রভাবে আলোর পথের বক্রতা ঘটে।যাহা পর্য্যবেক্ষণ করে কৃষ্ণ গহ্বরের অস্তিত্ব জানা যায়।

ব্রহ্মান্ডে পদার্থ এবং শক্তি: মহাকাশে পদার্থ এবং শক্তির সমাবেশ বিভিন্ন ভাবে ঘটেছে।যেমন কিছু পদার্থ (matter) দৃষ্টিগোচর এবং ঠিক তেমনি কিছু শক্তি (energy) অনুভব করা যায়।আবার কিছু পদার্থের (matter) অস্তিত্ব আছে কিন্তু কোনোরকম ভাবেই দৃষ্টিগোচর নয়, যাহাকে 'অন্ধকার পদার্থ' (dark matter) বলে।অনুরূপভাবে কিছু শক্তির অস্তিত্ব কোনোরকম ভাবেই বোঝা সম্ভব হয় না,

যাহাকে 'অন্ধকার শক্তি' (dark energy) বলে।বর্তমান ব্রহ্মাণ্ডে বিভিন্ন তথ্যের ভিত্তিতে 'অন্ধকার শক্তি' প্রায় 73 শতাংশ, 'অন্ধকার পদার্থ' 23 শতাংশ এবং বাকি মাত্র 4 শতাংশ দৃশ্যমান পদার্থ ও শক্তির সমষ্টি বলে অনুমান করা হয়। বিজ্ঞানীদের কাছে মহাবিশ্বের এই 'অন্ধকার পদার্থ' এবং 'অন্ধকার শক্তি' সম্বন্ধে খোজ একটি জরুরী বিষয়। যাহার জন্য কিছু বৃহৎ গবেষণার কথা ভাবা হয়েছে।

মহাজাগতিক রশ্মি বা কণা: মহাকাশ থেকে প্রচুর আয়নিত কণা পৃথিবীর বায়ুমন্ডলে প্রবেশ করে এবং ভূপৃষ্ঠে আপতিত হয়।এই সমস্ত কণা বা রশ্মি উচ্চ শক্তি যুক্তও হয় এবং এগুলি মহাজাগতিক রশ্মি বা কণা নামে পরিচিত।এর অনুসন্ধানের সূত্রপাত ইংরাজ বিজ্ঞানী উইলসন এবং জার্মান বিজ্ঞানীদ্বয় এলস্টার ও গাইটেল পৃথক ভাবে লক্ষ্য করেন যে স্বর্ণপত্র তড়িৎবীক্ষণ (gold leaf electroscope) যন্ত্রের বিক্ষপের হার সময়ের সঙ্গে কমে।এই কমার ধরন খালি অবস্থায় বেশী এবং মোটা সীসার পাত জড়ান হলে কমে যায়।এরথেকে অনুমান করা গিয়েছিল কোনো আয়নিত বা আয়ন সৃষ্টি কারী রশ্মি এই ঘটনার জন্য দায়ী।কিন্তু এই রশ্মি বা কণার উৎস কোথায় তা জানা যায়নি।

পরে বায়ুমন্ডলে বিভিন্ন উচ্চতায় বেলুনের সাহায্যে তড়িৎ আয়ন বীক্ষণ যন্ত্রে পরিমাপ করা হয়।প্রথমে উচ্চতা বৃদ্ধির সঙ্গে হ্রাস পায়।কিন্তু প্রায় 2000 মিটার থেকে 5000 মিটার এর মধ্যে প্রায় বারো গুন বৃদ্ধি পায়।এই পরীক্ষা বিজ্ঞানীত্রয় গোকেল (A. Gokel), হেস (V. E. Hess), কোলহোরস্টার (W. Kolhorster) 1911 সাল নাগাদ করেন।যাহাতে বিকিরণগুলি পৃথিবীর বাইরে থেকে আসছে কিনা দেখার জন্য।এরপর 1922 সালে মিলিকান (R. A. Millikan) 15,500 মিটার উচ্চতায় উন্নত পরীক্ষা করে পূর্বোক্ত পরীক্ষার ফল সঠিক এবং এই রশ্মির উৎস পৃথিবীর বাইরে মহাকাশের অজানা উৎস থেকে আসছে জানা গেল। যাহার নাম মহাজাগতিক রশ্মি (cosmic ray) নামে অভিহিত করা হলো।

মহাজাগতিক রশ্মির গুচ্ছ বায়ুস্তরে প্রবেশ করার পর বায়ুকণার সঙ্গে সংঘর্ষে গৌণ রশ্মি (secondary ray) ধারা তৈরী করে।যাহা মহাজাগতিক রশ্মি ধারা (cosmic ray shower) নামে পরিচিত হলো।এই মহাজাগতিক রশ্মির মধ্যে একাংশ অপেক্ষাকৃত কম শক্তি সম্পন্ন (soft cosmic ray), যাহা দশ সেন্টিমিটার পুরু সীসার পাত ভেদ করতে পারে না।অপরদিকে অধিক শক্তি সম্পন্ন (hard cosmic ray), যাহা উপরোক্ত সীসার পাত অনায়াসে ভেদ করতে পারে।কম শক্তি সম্পন্ন মহাজাগতিক রশ্মির মধ্যে উচ্চ শক্তি সম্পন্ন ইলেকট্রন, পজিট্রন, গামা রশ্মি, কম শক্তি সম্পন্ন প্রোটন কণা এবং মেসন কণা থাকে।অপরদিকে অধিক শক্তি সম্পন্ন মহাজাগতিক রশ্মির মধ্যে উচ্চ শক্তি সম্পন্ন আহিত বিভিন্ন ধরনের মেসন কণা এবং নিউট্রিনো কণা থাকে।মহাজাগতিক রশ্মি ধারার ছবি 2.1 দেখানো হয়েছে।

2.1 ছবি - বায়ুমন্ডলে মূল মহাজাগতিক রশ্মি থেকে গৌণ রশ্মিধারা উৎপত্তি

উচ্চ শক্তি যুক্ত মহাজাগতিক রশ্মি বা উচ্চ শক্তি যুক্ত কৃত্রিম কণা পুরু সীসার বা ভারী মৌলের পাত ভেদ করলে গৌণ ইলেকট্রন - পজিট্রন জোড়া রশ্মিধারা তৈরী হয়, যাহা বহু পরীক্ষায় ব্যবহার হয়।

এমনকি মহাজাগতিক রশ্মি 10^{19} eV শক্তিযুক্ত রশ্মিও পৃথিবী পৃষ্ঠে আসার কথা জানা গেছে।মহাজাগতিক রশ্মির মধ্যে বিভিন্ন প্রকার কণার সন্ধান পাওয়া

গিয়েছে এবং তাহাদের বিষয়ে চর্চা ব্রহ্মান্ডের সৃষ্টি তত্ত্ব জানার একটি প্রধান হাতিয়ার।

বিগ ব্যাঙ এবং ব্রহ্মান্ড সৃষ্টি তত্ত্ব: বিজ্ঞানী জর্জ লেম্যাট্যার 1927 সালে প্রথম বিগ ব্যাঙ (Big Bang) বা মহাবিস্ফোরণ সম্পর্কে ধারণা দেন।এই ধারণাতে সম্পূর্ণ রূপে অনুমান করা হয় একটি বিন্দুতে সমগ্র ব্রহ্মান্ডের বস্তু এবং শক্তি একত্রিভূত ছিল। তারপর বিগ ব্যাঙ বা মহাবিস্ফোরণ তাহার মূল চিন্তা ভাবনা আইনস্টাইনের সাধারণ আপেক্ষিকতা বাদের উপর ভিত্তি করে ঘটেছিল বলে ধারণা করা হয়।আরও অনুমান করা হয় বিন্দুবৎ অবস্থায় (singularity) পদার্থ বিজ্ঞানের নিয়ম চলে না। যাহা বিজ্ঞানী স্টিফেন হকিং এবং পেনরোজের অভিমত। ব্রহ্মান্ড সৃষ্টির মূহুর্ত 2.2 ছবিতে দেখানো হয়েছে।

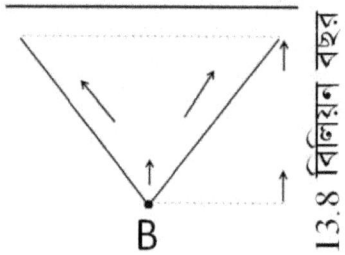

2.2 ছবি – বিগ ব্যাঙ বিস্ফোরণ

বিগ ব্যাঙ বা মহাবিস্ফোরণ ঘটার প্রায় 10^{-37} সেকেন্ড সময়ে সদ্যজাত ব্রহ্মান্ড অতি উচ্চ শক্তি ঘনত্ব, প্রচন্ড উচ্চ তাপমাত্রা এবং চাপে ছিল। যাহা সম্প্রসারশীল হয় এবং শীতলীভবন হতে শুরু করে।এই অবস্থায় অর্থাৎ প্রায় 10^{-37} সেকেন্ড সময়ে দশা পরিবর্তন (phase transition) ঘটে।সেই সময় কোয়ার্ক গ্লুয়ন প্লাজমা এবং কিছু প্রাথমিক কণার সৃষ্টি হয়।সেই সময় তাহাদের গতি এলোপাথাড়ি (random) প্রকৃতির, উচ্চ শক্তি এবং তাপমাত্রা যুক্ত ছিল।

কিন্তু তারপর প্রায় 1 মাইক্রো সেকেন্ড সময়ে কোয়ার্ক গ্লুয়ন সম্মিলিত হয়ে হ্যাড্রন ভূক্ত মেসন, বেরিয়ন কণা যেমন প্রোটন, নিউট্রন কণা সমুহ গঠিত হয়।যাহা 2.3 ছবিতে দেখানো হয়েছে।

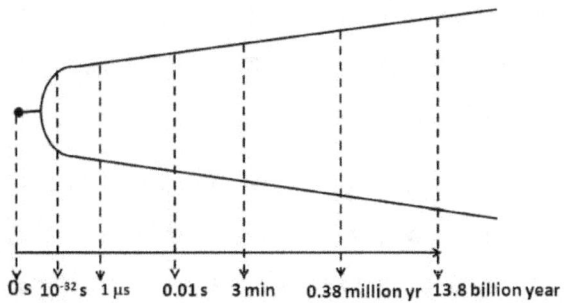

2.3 ছবি – বিগ ব্যাঙ বিস্ফোরণ, প্রসারণ এবং পরবর্তি সৃষ্টি প্রক্রিয়া

ইলেকট্রন কণা এবং প্রতিকণা পজিট্রন সমুহ সম্মিলিত হয়ে ফোটন কণার সৃষ্টি করে।এদিকে বিস্ফোরণের তাপমাত্রা আরও হ্রাসের পর প্রোটন, নিউট্রন কণার সম্মেলনে ডয়টেরণ এবং হিলিয়াম কেন্দ্রক কণার সৃষ্টি হয়।বেশীর ভাগ প্রোটন কণা থাকে হাইড্রোজেন কেন্দ্রক কণা রূপে।এইভাবে হাল্কা মৌল কেন্দ্রক কণা গঠনের প্রক্রিয়া শুরু হলো।যাহাকে কেন্দ্রক সংযোজন বা 'নিক্লিয়ো-সিন্থেসিস' (nucleosynthesis) নামে অভিহিত করা হয়।

আরও শীতল হওয়ার পর কিছু ভারী মৌল সৃষ্টি এবং বস্তুপুঞ্জের অভিকর্ষজ আকর্ষণের ফলে গ্যালাক্সি, নক্ষত্র ইত্যাদির সৃষ্টির পরিবেশ সৃষ্টি হলো।তাহারও অনেক বছর পর বর্তমান সৌর মন্ডলী এবং পৃথিবীর সৃষ্টি হয়।উচ্চ তাপমাত্রার গ্যাসীয় পিন্ডের পৃথিবীর অবস্থা প্রায় 450 কোটি বছর পর বিভিন্ন ধাপে বর্তমান অবস্থায় আসে বলে অনুমান।বর্তমান ব্রহ্মান্ডে 200 বিলিয়ন গ্যালাক্সি আছে বলে অনুমান করা হয়।

বিগ ব্যাঙ এবং ব্রহ্মান্ড সৃষ্টির সপক্ষে যুক্তি: বিজ্ঞানী এডুইন হাবল 1929 সালে লক্ষ্য করেন যে গ্যালাক্সিপুঞ্জ আমাদের থেকে দূরে সরে যাচ্ছে অর্থাৎ সমস্ত ব্রহ্মান্ডের প্রসারণ ঘটছে সময়ের সঙ্গে।তিনি গণনা করে দেখান যে সম্প্রসারণের গতি মহাজাগতিক বস্তুর দূরত্বের সঙ্গে সমানুপাতি।তাহার প্রদত্ত সমীকরণের ভিত্তিতে সম্প্রসারণ শুরুর সময় অর্থাৎ ব্রহ্মান্ড সৃষ্টির সময় প্রায় 14.82 বিলিয়ান বছর পূর্বে হয়েছিল।

তাহা ছাড়া দূরের গ্যালাক্সি সমুহ থেকে আসা বর্নালী লাল রঙ্গের দিকে অর্থাৎ তরঙ্গ দৈর্ঘ্য দীর্ঘতর হচ্ছে। যাহাকে ডপলার শিফট (Doppler shift) বলা হয়। ডপলার শিফটে একটি চলন্ত বস্তুর শব্দ বা যে কোনো বিকিরণের কম্পাঙ্ক চলন্ত বস্তু দর্শকের নিকট দ্রুত বেগে আসলে বাড়ে এবং দ্রুত বেগে দূরে সরে গেলে বিকিরণের কম্পাঙ্ক আপাত ভাবে কমে যায়।এখানে কম্পাঙ্ক কমা মানে তরঙ্গ দৈর্ঘ্য দীর্ঘ হওয়া বোঝায়।

আবার বিগ ব্যাঙের পর তাপমাত্রা ক্রমশ কমে আসছে।বর্তমান ব্রহ্মান্ডের গড় তাপমাত্রা 2.725 K উষ্ণতা, জড় পদার্থ এবং তড়িৎ চৌম্বকীয় বিকিরণ শক্তির ঘনত্ব 10^{-23} গ্রাম প্রতি ঘন সেন্টি মিটার। প্ল্যাঙ্কের সূত্র অনুযায়ী 2.725 কেলভীন তাপমাত্রায় কৃষ্ণ বস্তুর বা ব্রহ্মান্ডের স্বাভাবিক বিকিরণ বর্ণালী মাইক্রোওয়েভ তরঙ্গ দৈর্ঘ্য অঞ্চলে অবস্থিত বলে অনুমান করা হয়েছিল।

মহাজাগতিক মাইক্রোওয়েভ স্বাভাবিক বিকিরণ (Cosmic Microwave Background Radiation) বেল ল্যাবরেটারীর অধ্যাপক আরনো পেনজিয়ান (Arno Penzian) এবং রবর্ট উইলসন (Robert Wilson) প্রমাণ করেন।পরে এর জন্য তাহারা 1978 সালে পদার্থ বিদ্যায় নোবেল পুরস্কার পান। আবার নাসা (NASA) মহাকাশ পরীক্ষার পর্য্যবেক্ষণ মহাজাগতিক মাইক্রোওয়েভ স্বাভাবিক বিকিরণ বর্ণালী যুক্ত কৃষ্ণ বস্তুর তাপমাত্রা এবং গণনায় প্রাপ্ত ব্রহ্মান্ডের বর্তমান তাপমাত্রা 2.725 K এর সঙ্গে মিলে গেছে।

এবার মূল প্রশ্ন হলো ব্রহ্মান্ড সৃষ্টির সময় কার অবস্থা কি করে জানা সম্ভব। এর জন্য বিজ্ঞানীরা একদিকে মহাকাশযান দ্বারা পর্য্যবেক্ষণ করার ব্যবস্থা করেন। অপরদিকে ভূপৃষ্ঠে মহাজাগতিক রশ্মি পর্য্যবেক্ষণ, অতি উচ্চ শক্তির কণা ত্বরণ যন্ত্র তৈরী এবং ত্বরান্বিত কণাদের মধ্যে সংঘাত করার পরিকল্পনা করেন। যাহাতে আদি অবস্থায় বস্তুর স্বরূপ জানা সম্ভব।এছাড়া তাত্বিক পদার্থ বিদ্যার দুটি জটিল বিষয় যথা 'স্ট্রিং থিয়োরী' (string theory) এবং সুপার সিমেট্রি (super Symmetry) বিষয় সম্বন্ধে পরোক্ষ অনুসন্ধাণের চেষ্টা বিজ্ঞানীরা করছেন।

ব্রহ্মান্ড সৃষ্টি রহস্য ও বিশ্বরূপ দর্শণ প্রয়াস

তৃতীয় অধ্যায়

বৃহৎ গবেষণাগারে বৈজ্ঞানিক প্রয়াস

গবেষণাগারে পরমাণু কেন্দ্রকের বিক্রিয়া বোঝার জন্য কণা ত্বরণ যন্ত্র (particle accelerator) এবং কণা বা বিকিরণ নিরীক্ষণ যন্ত্র (particle or radiation detecter) দরকার হয়। প্রথমে কণা ত্বরণ যন্ত্র এর বিষয়ে আলোচনা করা দরকার। প্রভূত উন্নতি হওয়ার ফলে উচ্চশক্তিযুক্ত পরমাণুর সংঘাত বা সংঘর্ষ পর্য্যবেক্ষণ করা সহজ হলো।এই কণা ত্বরণ যন্ত্র (particle accelerator) বিভিন্ন শক্তির এবং ধরণের হতে পারে।

কণা ত্বরণ যন্ত্র: পরমাণু কেন্দ্রককে বা ইলেকট্রন কণাকে যথাসম্ভব উচ্চশক্তি প্রদান করা কণা ত্বরণ যন্ত্রের কাজ।যাহাতে উচ্চশক্তি যুক্ত কণা দ্বারা পরমাণুকে ভাঙ্গা এবং অভ্যন্তরের খবর জানা যায়।কণা ত্বরণ যন্ত্রের শক্তি প্রথমে অল্প ছিল, তাহার পর আধুনিক নুতন যন্ত্রগুলির নক্সায় অতি উচ্চ শক্তিযুক্ত কণা ত্বরণ করা সম্ভব হচ্ছে।এই কণা ত্বরণ যন্ত্র প্রধাণত দু ধরণের হয়, প্রথমত রৈখিক কণা ত্বরণ যন্ত্র বা লিনিয়ার এ্যাক্সিলারেটার (Linear Acceleretor) বা সংক্ষেপে 'লিনাক' (Linac) নামে পরিচিত।দ্বিতীয়ত চক্রবর্তী ত্বরণ যন্ত্র বা সাইক্লোট্রন যন্ত্র নামে পরিচিত।

রৈখিক কণা ত্বরণ যন্ত্র বা 'লিনাক': এই ধরনের ত্বরণ যন্ত্র আবার দু ধরনের হয়।এক স্থির তড়িৎ (electrostaic) দ্বারা ত্বরান্বিত বা পরিবর্তনশীল বিদ্যুৎ বিভব (voltage) দ্বারা ত্বরান্বিত করা হয়।স্থির তড়িৎ ত্বরণ যন্ত্র এর প্রথম উদাহরণ রূপে টিভির ক্যাথোড রশ্মির টিউব বা CRT নামে পরিচিত।যেখানে ইলেকট্রন রশ্মিকে ত্বরান্বিত করা হয়।এরপর ককক্রোফ্ট ওয়াল্টন (Cockcroft–Walton) জেনারেটার, ভ্যান ডি গ্রাফ (Van de Graaff) জেনারেটার, পেলেট্রন (pelletron) ইত্যাদি উল্লেখযোগ্য।

এগুলি তৈরীর সূত্রপাত 1920 সাল নাগাদ শুরু হয়।এগুলিতে অন্তরক (insulator) বস্তুর অনবরত ঘর্ষণ ব্যবস্থায় প্রচুর স্থির বিদ্যুৎ উৎপন্ন হয়। তারপর তাহাকে সঞ্চিত করে বিশাল বিভবের সৃষ্টি করা হয়।এই উচ্চ বিভবের দ্বারা কেন্দ্রক বা পরমাণু আয়ন কে ত্বরান্বিত করা সম্ভব।যাহা 3.1 ছবিতে দেখানো হয়েছে।

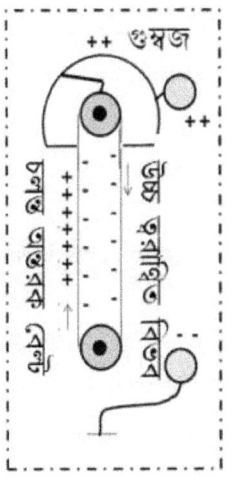

3.1 ছবি – স্থির বিদ্যুৎ ত্বরণ যন্ত্র

আবার দ্রুত পরিবর্তনশীল বিদ্যুৎ বিভব (voltage) সরল রেখায় অবস্থিত বায়ুশুন্য টিউবে বা পাইপে কণাকে গতিশক্তি প্রদান করা হয়।যাহাকে রৈখিক কণা ত্বরণ যন্ত্র বা সংক্ষেপে 'লিনাক' (Linac) নামে পরিচিত।এই পরিবর্তনশীল বিদ্যুৎ বিভব, রেডিয়ো ফ্রিকোয়েন্সিতে (Radio Frequency) ব্যবহার করা হয়।

আহিত কণারা পর্য্যায় ক্রমে বিভিন্ন আকারের ফাঁপা পরিবাহি চোঙ (hollow conducting cyllinder) এর ভেতর দিয়ে সরল রেখায় ত্বরাণ্বিত হয়।রেডিয়ো ফ্রিকোয়েন্সি উৎস এই ফাঁপা পরিবাহি চোঙ গুলির সঙ্গে যুক্ত থাকার সময়

অনুনাদ (Resonance) সৃষ্টি হয়। এর ফলে বিদ্যুৎ শক্তি ত্বরাণ্বিত কণা সমুহে স্থানান্তরিত হয়।

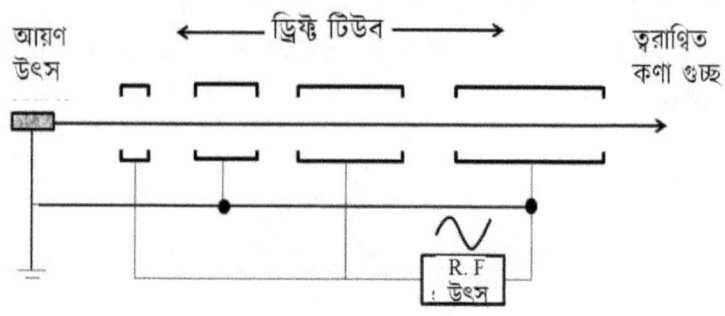

3.2 ছবি - রেডিয়ো ফ্রিকোয়েন্সিতে রৈখিক কণা ত্বরণ যন্ত্র

এই সময় কিছু শক্তি ফাঁপা পরিবাহি চোঙের ভেতরের তলে বৈদ্যুতিক রোধের জন্য ক্ষয় হয়।এই সমস্যার সমাধান অতিপরিবাহি (superconducting) ফাঁপা পরিবাহি চোঙের ব্যবহার করে হয়।যাহার ফলে অতিপরিবাহি রৈখিক ত্বরণ যন্ত্রের উদ্ভব হয়েছে।

চক্রবর্তি ত্বরণ যন্ত্র বা সাইক্লোট্রন যন্ত্র: প্রথম সাইক্লোট্রন যন্ত্র আর্নেষ্ট লরেন্স, বার্কলের ক্যালিফোর্নিয়া বিশ্ববিদ্যালয়ে তৈরী এবং চালু করেন 1932 সালে। এখানে উচ্চ পরিবর্তনশীল রেডিয়ো তরঙ্গযুক্ত বিভব, বায়ুশুন্য স্থানে আয়ণের উপর লম্বালমম্বি উচ্চ চৌম্বকক্ষেত্র প্রয়োগে আয়ণ কণাকে ত্বরান্বিত করা হয়। এই ত্বরান্বিত আয়ণ কণা ক্রমশ ব্যাসার্ধ বৃদ্ধি প্রাপ্ত চক্রাকার পথে হয়।

সাইক্লোট্রন যন্ত্রে আহিত কণারা মুখ্যত বায়ুশুন্য স্থানে দুটি ফাঁপা D আকারের তড়িৎদ্বারে উচ্চ ভোল্টেজের রেডিও ফ্রিকোয়েন্সিতে প্রয়োগ করা হয়।একই সঙ্গে স্থির উচ্চ শক্তির চৌম্বক ক্ষেত্র লম্বালম্বি প্রয়োগ করা হয়।চৌম্বক ক্ষেত্রের উপস্থিতিতে উচ্চ ভোল্টেজের রেডিও ফ্রিকোয়েন্সি যখন ত্বরাণ্বিত কণার 'সাইক্লোট্রন ফ্রিকোয়েন্সির অনুনাদ' (Cyclotron frequency resonance) ঘটে,

তখন ত্বরণ প্রক্রিয়া চালু থাকে।এইভাবে ত্বরণ প্রক্রিয়া চালু থাকার সময় চক্রাকার পথের শেষে উচ্চ ডিসি ভোল্টেজের দ্বারা বিক্ষিপ্ত করে ত্বরাণ্বিত কণাদের বাইরে বের করে আনা হয়।

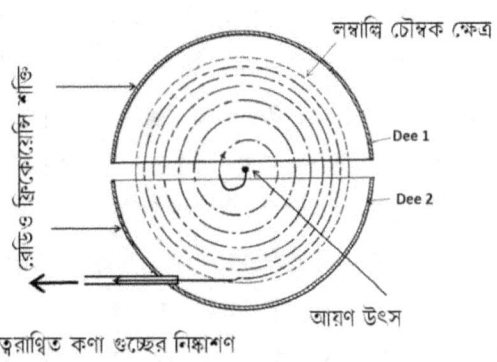

3.3 ছবি - সাইক্লোট্রন যন্ত্র দ্বারা কণা ত্বরণ ব্যবস্থা

সাইক্লোট্রন দ্বারা কণাদের অল্প শক্তিতে ত্বরাণ্বিত করার সময় আনুমাণিক কণার ভর স্থির বলে ধরা হয়।কিন্তু উচ্চ শক্তিতে কণাদের ত্বরাণ্বিত করার সময় কণার ভর আপেক্ষিকতাবাদের জন্য বৃদ্ধি পায়।কারণ বস্তুর ভর দ্রুত গতিতে অর্থাৎ আলোর গতির কাছাকাছি আসে তখন বৃদ্ধি পায়।ফলে সাধারণ সাইক্লোট্রন দ্বারা কণাদের ত্বরাণ্বিত করা অসম্ভব হয়ে পড়ে।

কণাদের ত্বরাণ্বিত করার জন্য রেডিও ফ্রিকোয়েন্সির সামান্য পরিবর্তন যাহা সিনক্রো সাইক্লোট্রন বা (Synchro-cyclotron) সিনক্রোট্রনয়ে করা হয়।বিকল্প ভাবে চৌম্বক ক্ষেত্রের সামান্য পরিবর্তন, যাহা আইসোক্রোনাস (Isochronous) সাইক্লোট্রন যন্ত্রে করা হয়।

বিশ্বের মুখ্য ত্বরণ যন্ত্রের গবেষণাগার: এই মুহুর্তে সারা বিশ্বে প্রায় 30,000 ত্বরণ যন্ত্র আছে।তাহার মধ্যে অনেক ত্বরণ যন্ত্র, কম শক্তির যেগুলি চিকিৎসা বা

চিকিৎসা বিষয়ে গবেষণার জন্য ব্যবহার হচ্ছে।এছাড়া অনেক ত্বরণ যন্ত্র, মাঝারী শক্তির যেগুলি বিভিন্ন বৈজ্ঞানিক গবেষণার কাজে ব্যবহার হয়।বিশ্বের কিছু উল্লেখযোগ্য গবেষণা কেন্দ্র এবং ত্বরণ যন্ত্র সম্বন্ধে খুব সংক্ষেপে বলা হচ্ছে।

রাশিয়ার দুবনায় অবস্থিত সিন্ক্রোফেসাট্রন (Synchrophasotron) যাহার কার্য্যকাল 1957 সাল থেকে 2003, কণাশক্তি 10 GeV পর্য্যন্ত ছিল। আমেরিকার ব্রুকহাভ্যেন ন্যাশানাল ল্যাবরেটরীতে অবস্থিত কসমোট্রন (Cosmotron) যাহার কার্য্যকাল 1953 সাল থেকে 1968, প্রোটন কণাশক্তি 3.3 GeV পর্য্যন্ত এবং 72 মিটার বৃত্তাকার পথ যুক্ত ছিল।যেখানে V কণার আবিষ্কার এবং কৃত্রিমভাবে কিছু মেসন কণা তৈরী করা সম্ভব হয়েছিল।

তাহার পর লরেন্স বার্কলে ন্যাশানাল ল্যাবরেটরীতে বা সংক্ষেপে LBNL তে স্থাপিত হয় বিভাট্রন (Bevatron) যাহার কার্য্যকাল 1954 সাল থেকে 1970, প্রোটন কণা শক্তি 6.2 GeV পর্য্যন্ত ছিল।এখানে এ্যান্টিপ্রোটন, এ্যান্টিনিউট্রন সর্বপ্রথম দেখা যায় এবং 'স্ট্রেন্জ কণা' (Strange particle) পরীক্ষা করার ব্যবস্থা করা হয়।

আর্গন ন্যাশানাল ল্যাবরেটরীতে স্থাপিত হয় 'জিরো গ্রেডিয়েন্ট সিন্ক্রোট্রন' (Zero gradiant Synchrotron) যাহার কার্য্যকাল 1963 সাল থেকে 1979, কণাশক্তি 12.5 GeV পর্য্যন্ত ছিল।

আমেরিকার Stanford Linear Accelerator Centre - (SLAC), যাহা ক্যালিফোর্নিয়া বিশ্ববিদ্যালয়ে রৈখিক ত্বরণ যন্ত্র 3.2 কিলোমিটার লম্বা।এখানে ইলেকট্রণ কণা 20 GeV শক্তিতে 1968 সালে ত্বরান্বিত করা সম্ভব হয়েছিল। পরে যাহা এখানে ইলেকট্রণ-পজিট্রন সংঘর্ষের জন্য ব্যবহার হয়।

কানাডার ভ্যানকুভারে ট্র্যাম্প সাইক্লোট্রন 1974 সালে কার্য্যকরী হয়।এখানে 500 MeV শক্তিতে হাইড্রোজেনের ঋনাত্মক আধানযুক্ত আয়ন ত্বরান্বিত করার সুবিধা আছে।যাহা দ্বারা উচ্চ স্তরের পরীক্ষা করা সম্ভব হয়েছে।

আমেরিকার ব্রুকহাভ্যেন ন্যাশনাল ল্যাবরেটরীতে অবস্থিত 'অল্টার্নেটিং গ্রেডিয়েন্ট সিন্ক্রোট্রন' (Alternating Gradient Synchrotron) 1960 সালে

কার্য্যকরী হয়।যেখানে চক্রাকার পথে প্রোটন, ডয়টরন, হিলিয়াম 3 এবং অন্যান্য ভারী মৌলকে প্রায় 30 GeV পর্য্যন্ত ত্বরান্বিত করার জন্য ব্যবহার হয়।যাহা পরে প্রয়োজনে পরে 'রিলেটিভ হেভি আয়ন কলাইডারে' (Relative Heavy Ion Collider - RHIC) প্রবেশ করানো হয় আরও উচ্চ শক্তিতে ত্বরান্বিত করার জন্য ব্যবহার হয়।

জার্মানীর ডারমস্টাডে 2018 সাল নাগাদ বিশাল ত্বরন যন্ত্র ব্যবস্থা তৈরী হবে যাহা 'ফেসিলিটি ফর এ্যান্টিপ্রোটন এন্ড আয়ন রিসার্চ' (Facility for Antiproton and Ion Research - FAIR) নামে পরিচিত।এখানে বিভিন্ন ধরনের চারটি আন্তর্জাতিক স্তরের পরীক্ষার কথা ভাবা হয়েছে।এখানে ভারতীয় বিজ্ঞানীরা আন্তর্জাতিক সহযোগিতা মুলক কাজে বিভিন্ন ভাবে যুক্ত।

এই সমস্ত প্রচেষ্টা ছাড়াও সার্ন (CERN) গবেষণাগারে বেশ কয়েকটি ত্বরণ যন্ত্র ছাড়াও সুবৃহৎ 'লার্জ হ্যাড্রন কলাইডার' (Large Hadron Collider) তৈরী হয়েছে।যাহা পরের অধ্যায়ে বলা হয়েছে।

ভারতে ত্বরণ যন্ত্র ইত্যাদির ব্যবস্থা: ভারতে প্রথম ত্বরণ যন্ত্র সাইক্লোট্রন কলকাতা শহরে 1950 সালে স্থাপিত হয়।যাহা সাহা ইনস্টিটিউটের পূর্বতন স্থান বা বর্তমান কলকাতা বিশ্ববিদ্যালয়ের অধীনস্থ রাজা বাজার বিজ্ঞান কলেজে স্থাপিত হয়।এটি বিশিষ্ট পদার্থ বিজ্ঞানী মেঘনাদ সাহার উদ্যোগে স্থাপিত হয়।

এই সাইক্লোট্রন যন্ত্র দ্বারা প্রোটন এবং আলফা কণা প্রায় 4 MeV শক্তি পর্য্যন্ত ত্বরান্বিত করা সম্ভব ছিল।অনেক পরে রৈখিক ত্বরণ যন্ত্র রূপে মুম্বাইয়ের ভাবা পারমাণবিক কেন্দ্রের ভ্যান ডি গ্রাফ জেনারেটার, মুম্বাইয়ের টাটা ইন্সটিটিউট অব ফান্ডামেন্টাল রিসার্চ এর পেলেট্রন যন্ত্র এবং নয়া দিল্লীর আই.ইউ.সি তে (IUC) পেলট্রন যন্ত্র উল্লেখ যোগ্য।

ইন্দোরের রাজা রামান্না সেন্টার ফর এ্যাডভান্স টেকনোলজি বা সংক্ষেপে RRCAT এ 1999 সাল থেকে দুটি ইলেকট্রন সিনক্রোট্রন রেডিয়েশন উৎস

চালু হয়েছে।এই ইলেকট্রন সিনক্রোট্রন রেডিয়েশন উৎসের শক্তি প্রায় 2.5 GeV যাহা বিভিন্ন বৈজ্ঞানিক গবেষণার কাজে ব্যবহার হয়।

কলকাতার বিধান নগরে অবস্থিত ভ্যারিয়েবল এনার্জী সাইক্লোট্রন সেন্টার (Variable Energy Cyclotron Centre - VECC) এ 1977 সালে একটি সাইক্লোট্রন যন্ত্র চালু হয়।এই সাইক্লোট্রন দ্বারা প্রোটন, আলফা এবং ভারী কেন্দ্রক কণা পরিবর্তনশীল শক্তিতে সুষ্ঠুভাবে ত্বরান্বিত করা যায়।যাহা গবেষণার কাজে ব্যবহার হয়।

এছাড়া VECC তে আরও উচ্চ শক্তিতে উপরোক্ত কণা সমুহ ত্বরণের জন্য একটি অতিপরিবাহি সাইক্লোট্রন (superconducting Cyclotron) যন্ত্র সবে চালু হয়েছে।এই প্রযুক্তির অর্থাৎ অতিপরিবাহি চৌম্বকের ত্বরণ যন্ত্রে ব্যবহার ভারতে প্রথম।এছাড়া তেজস্ক্রিয় কেন্দ্রক কণা গুচ্ছ (Radioactive Ion Beam - RIB) বিষয়ে গবেষণার কাজে উপরোক্ত স্থান ছাড়াও কলকাতার রাজারহাটে বিশাল ব্যবস্থা এবং পরিকল্পনা নেওয়া হয়েছে।

এছাড়া আরও কিছু ত্বরণ যন্ত্র ভারতের বিভিন্ন জায়গায় গবেষণা মূলক কাজের জন্য স্থাপিত হয়েছে।বহু রৈখিক ত্বরণ যন্ত্র চিকিৎসা বিজ্ঞানের জন্য ব্যবহার হচ্ছে।দক্ষিন কলকাতার উপকণ্ঠে চক গড়িয়ায় একটি মেডিকাল সাইক্লোট্রন যন্ত্র বসানো হবে।যাহার মুখ্য উদ্দেশ্য চিকিৎসা বিজ্ঞানের জন্য রেডিও আইসোটোপ উৎপাদন করা, বস্তু বিজ্ঞান (material science) বিষয়ে চর্চা করা।আরেকটি বিষয় হলো এ.ডি.এস.এস (Accelerator Driven Subcritical System - ADSS) নামে নুতন উন্নত পারমাণবিক বিদ্যুৎ উৎপাদন ব্যবস্থার উপর গবেষণা করা।

এছাড়া আরেক ধরনের বিশাল আকারের নিউট্রিনো গবেষণার জন্য 'ইন্ডিয়ান নিউট্রিনো অবজারবেটারী' (Indian Neutrino Observatory - INO) যাহা মাটির গভীরে (উচু পাহাড়ের পাদদেশে) স্থাপিত হবে।যাহার মুখ্য উদ্দেশ্য

নিউট্রিনো সংক্রান্ত গবেষণা করা।যাহা কেন্দ্রক কণা সমুহের ধর্ম এবং বিশ্ব ব্রহ্মান্ডের সৃষ্টি রহস্য বোঝায় সাহায্য করবে।যাহাতে বিভিন্ন ভারতীয় বিজ্ঞানীদের সঙ্গে কলকাতার বিশিষ্ট বৈজ্ঞানিক সংস্থাগুলির বিজ্ঞানীরা জড়িত।

নিউট্রিনো গবেষণা বিশ্বের কয়েকটি জায়গায় আয়োজন করা হয়েছে।যেমন জাপানের কামিয়োকান্ডাতে খনি গর্ভে এবং ইটালির কাছে গ্রান সাসো (Gran Sasso) তে বিশাল গবেষণা কেন্দ্র চালু আছে।তাছাড়া কানাডার ক্রেইটন খনি গর্ভে সাডবেরী নিউট্রিনো পর্য্যবেক্ষণ কেন্দ্র এবং আমেরিকার ইউসকন্সিন বিশ্ববিদ্যায় দ্বারা দক্ষিন মেরুতে আইসকিউব (Icecube) নিউট্রিনো পর্য্যবেক্ষণ কেন্দ্র স্থাপিত হয়েছে।

লেজার রশ্মি ভিত্তিক ত্বরণ যন্ত্র: লেজার রশ্মির ব্যবহার বিভিন্ন ভাবে হতে দেখা যায়।যেমন CD writer, চিকিৎসা শাস্ত্রে, শিল্প ইত্যাদিতে।এই লেজার রশ্মি অতি তীব্রতায় এবং অতিক্ষণ স্থায়ী রশ্মিগুচ্ছ যাহার আয়ু ফাম্পটো সেকেন্ড (1 femto sec = 10^{-15}sec) পর্য্যন্ত হয়।উপযুক্ত ভাবে একাধিক উচ্চ রশ্মিগুচছের সাহায্যে তড়িৎচৌম্বকীয় ক্ষেত্র তৈরী হয়।যাহা দ্বারা আহিত কণাকে ত্বরান্বিত করা সম্ভব।বিশ্বে কতকগুলি গবেষণাগারে এরূপ লেজার রশ্মি ভিত্তিক ত্বরণ যন্ত্র তৈরী করা সম্ভব হয়েছে।যেমন লরেন্স বার্কলে ন্যাশানাল ল্যাবরেটারীতে (Lawrence Berkeley National Laboratory - LBNL) ইলেকট্রন কণা ত্বরান্বিত করা সম্ভব হয়েছে।

উদাহরণ স্বরূপ ইলেকট্রন কণাকে 1 GeV শক্তিতে ত্বরান্বিত করার জন্য 3.3 সেন্টিমিটার জায়গা দরকার। কিন্তু সেখানে প্রথাগত রৈখিক ত্বরণ যন্ত্র দ্বারা ইলেকট্রন কণাকে একই শক্তিতে ত্বরান্বিত করার জন্য 6400 সেন্টিমিটার জায়গা দরকার।প্রোটন কণাকেও 40 MeV শক্তিতে ত্বরান্বিত করা গেছে।এই প্রযুক্তির কার্য্যক্ষমতা এবং সীমাবদ্ধতা বর্তমানে থাকলেও আশা করা যাচ্ছে এই প্রযুক্তিতে ভবিষ্যতে কম জায়গায় উচ্চ শক্তি সম্পন্ন কণা ত্বরণ যন্ত্র তৈরী হবে।

উচ্চ শক্তির ত্বরণ যন্ত্র রূপে কলাইডার: কলাইডার সম্বন্ধে বলার পূর্বে একটি উদাহরন দেওয়া যাক।প্রথমত একটি গাড়ি 100 কিলোমিটার বেগে একটি শক্ত দেওয়ালে ধাক্কা মারলে নির্দিষ্ট শক্তি সংঘর্ষ স্থলে তৈরী হওয়ার ফলে গাড়িটি ছিন্নভিন্ন হবে।দ্বিতীয়ত আবার একই ধরনের দুটি গাড়ি সরাসরি একই গতি (100 কিমি/প্রতি গাড়ি) তে বিপরীত মুখী এসে সংঘর্ষ করলে সংঘর্ষ স্থলে শক্তি চারগুন হবে ফলে গাড়িদ্বয় ছিন্নভিন্ন আরও ভয়ানক ভাবে হবে।কারণ গাড়িদ্বয় বিপরীত মুখী আসার ফলে আপেক্ষিক গতি দ্বিগুন হয়ে যায় এবং সংঘর্ষ ভর (দুটি গাড়ি) দ্বিগুন হয়।এরফলে চারগুন ভরবেগ (momentum) শক্তিতে রূপান্তরিত হয়।

সাধারণত একটি ত্বরণ যন্ত্র থেকে নির্গত কণারা বায়ু শুন্য মাধ্যমে রাখা স্থির বস্তু বা টার্গেটে (target) পড়ার পর কেন্দ্রক বিক্রিয়া সংঘটিত হয়।কিন্তু উচ্চ শক্তির কেন্দ্রক কণার বিক্রিয়া এইভাবে স্থির বস্তু বা টার্গেটে করলে অনেক অসুবিধা। সেজন্য চলমান বিপরীত মুখী ত্বরাণ্বিত কণা গুচ্ছকে সংঘর্ষ ঘটানো হয়।এরফলে আপেক্ষিক গতি শক্তির জন্য চারগুন শক্তি সংঘর্ষ বিন্দুতে পাওয়া যায়।এই জন্য কলাইডার ত্বরণ যন্ত্রে একই সঙ্গে দুটি কণাগুচছ সমান্তরাল বিপরীত মুখী পথে ত্বরান্বিত করার ব্যবস্থা থাকে।বিশ্বে বর্তমানে কয়েকটি উচ্চ শক্তিযুক্ত কলাইডার যন্ত্র তৈরী হয়েছে।

কলাইডার সম্বন্ধে প্রথম চিন্তা ভাবনা 'মুরা' (MURA - Midwestern University Research Association) গোষ্ঠি করে বিভিন্ন প্রস্তাবের মাধ্যমে।পরে 1961 সালে বিশেষ ত্বরণ যন্ত্র তৈরী হয়।যেখানে একই গোলাকার পথে বিপরীত মুখী দুটি ইলেকট্রন কণা গুচ্ছ ঘুরতে এবং ত্বরান্বিত হতে পারতো 50 MeV শক্তিতে।প্রায় সেই সময় ইটালির রোমের নিকট ফ্রাসকাটি (Frascati) তে প্রথম ইলেকট্রন - পজিট্রন কলাইডার তৈরী হয়।অপরদিকে একই সময় সোভিয়েট রাশিয়ার সোভিয়েট ইন্সটিটিউট অব নিউক্লিয়ার ফিজিক্সে ইলেকট্রন - ইলেকট্রন কলাইডার তৈরী করা হয়।

আমেরিকার ফার্মি ন্যাশনাল এ্যাক্সিলারেটার ল্যাবরেটারীতে টাভাট্রন ত্বরণ যন্ত্র স্থাপিত হয় 1983 সালে, 6.4 কিলোমিটার পরিধি, বর্তমান লার্জ হ্যাড্রন কলাইডারের পর দ্বিতীয় বৃহত্তম কলাইডার যন্ত্র।যাহাতে প্রোটন - এ্যান্টিপ্রোটন সংঘর্ষ ঘটানোর ব্যবস্থা 2011 সাল পর্য্যন্ত কার্য্যকরী ছিল।এখানে ত্বরাণিত কণার শক্তি 1 TeV পর্য্যন্ত ছিল।

আমেরিকার ব্রুকহাভ্যেন ন্যাশনাল ল্যাবরেটরীতে অবস্থিত 'রিলেটিভ হেভি আয়ন কলাইডার' (Relative Heavy Ion Collider - RHIC) য়ে ভারী আয়ণ কণা উচ্চ শক্তিতে ত্বরান্বিত করার জন্য তৈরী হয়েছে।যেমন ভারী সোনার আয়ণ কণা প্রায় 2.4 মাইল চক্রাকার পথে ঘোরার পর উচ্চ শক্তিতে সংঘর্ষ ঘটানো হয়।যাহা বিভিন্ন পরীক্ষা সম্পন্ন করার জন্য ব্যবহার হয়েছে।

সর্বশেষে বর্তমানে সার্নে সবচেয়ে শক্তিশালী কলাইডার 'লার্জ হ্যাড্রন কলাইডার' (Large Hadron Collider) তৈরী হয়েছে।যাহা পরের অধ্যায়ে বলা হয়েছে।

গবেষণামূলক পরীক্ষা ব্যবস্থার প্রয়োজনীয়তা: গবেষণাগারে কণা ত্বরণ যন্ত্রের পর কণা বা বিকিরণ নিরীক্ষণ যন্ত্র (particle or radiation detector) বা সংক্ষেপে 'ডিটেকটার' রূপে বিভিন্ন গবেষণামূলক পরীক্ষার জন্য প্রয়োজন হয়।এই ডিটেকটার বা ডিটেকটার সমষ্টি বিভিন্ন ধরনের এবং বিভিন্ন কাজের জন্য ব্যবহার হতে পারে।বিভিন্ন ধরনের ডিটেকটারের মধ্যে কিছু নিষ্ক্রিয় ধরণের এবং কিছু সক্রিয় ধরণের হয়। যেখানে ডিটেকটারে সংকেত প্রাথমিক ভাবে বিদ্যুতিক অথবা আলো রূপে পাওয়া যায়।যদিও পরবর্তী পর্য্যায়ে সমস্ত সংকেতই বিদ্যুতিক রূপে রূপান্তর করা হয়। যাহাতে বিভিন্ন তথ্য সাংখ্যিকিকরণের (digitization) পর তথ্য কম্পুটারে সংরক্ষণ এবং বিশ্লেষণ করা হয়। যাহা পঞ্চম অধ্যায়ে বলা হয়েছে।

চতুর্থ অধ্যায়

সার্নে লার্জ হ্যাড্রন কলাইডার

পদার্থের এবং শক্তির স্বরূপ প্রাথমিক স্তরে জানার পর আমরা বিশ্ব ব্রহ্মান্ডের সৃষ্টি তত্ত্ব নিয়ে সামান্য জ্ঞান লাভ করার প্রয়াস করেছি।কিন্তু পরীক্ষামূলক অনুসন্ধানের জন্য বিশ্বের বিভিন্ন বৃহৎ গবেষণা কেন্দ্রে প্রয়াস, বিশেষত ত্বরণ যন্ত্রের ক্রমবিকাশ হয়।পূর্বে উল্লেখিত জ্ঞানের কার্য্যকারিতা প্রমাণের জন্য আরও উন্নত ত্বরণ যন্ত্রের প্রয়োজন হলো।যাহা একাধারে অধঃকেন্দ্রীন কণার (sub nuclear) এবং ব্রহ্মান্ডের সৃষ্টি রহস্যের জন্য কিছু পরীক্ষা করার সুযোগ তৈরী করে। সেজন্য সার্নে লার্জ হ্যাড্রন কলাইডার এবং বিভিন্ন উন্নত মানের আন্তর্জাতিক সহযোগিতা মূলক পরীক্ষার ব্যবস্থা করা হয়েছে।

সার্ন (CERN) পরীক্ষাগার: এই গবেষণাগার যাহা একদিকে সুদৃশ্য আল্পস এবং অপরদিকে জুরা পর্বত শ্রেণী বেষ্ঠিত অঞ্চল, আবার সুইজারল্যান্ড এবং ফ্রান্স সীমান্তে জেনেভা শহরের কাছে অবস্থিত।এই গবেষণাকেন্দ্র সার্ন (CERN) নামে পরিচিত।সার্ন শব্দটি ফরাসী শব্দসমষ্টি 'Conseil Européen pour la Recherche Nucléaire', এর সংক্ষিপ্ত রূপ।ইউরোপের দেশগুলি যৌথভাবে 1954 সালে এই গবেষণাগারটি প্রতিষ্ঠা করে।এই গবেষণাগারটির মূল উদ্দেশ্য পদার্থ বিজ্ঞানের মৌলিক গবেষণা বিশেষত নিউক্লিয়ার পদার্থ বিজ্ঞান বিষয়ে চর্চা করা।এটি ইউরোপীয় দেশগুলির প্রথম যৌথ বৈজ্ঞানিক অভিযান।বর্তমানে 21 টি ইউরোপের সদস্য দেশ সম্মিলিত ভাবে পরিচালনা এবং মূখ্য ব্যয়ভার বহন করে।এই গবেষণাগারে মূলত অসামরিক গবেষণার কাজের জন্য ব্যবহার হয়।এখানে বহু উল্লেখ যোগ্য নিউক্লিয়ার পদার্থ বিজ্ঞানের আবিষ্কার হয়েছে। তাছাড়া এখানেই 'বিশ্ব ব্যাপী জাল' বা World Wide Web, সংক্ষেপে WWW নামে পরিচিত এর উৎপত্তি।

সার্নে বিভিন্ন ত্বরণ যন্ত্র: প্রোটন সিনক্রোট্রন (Proton Synchrotron - PS) 1959 সালে তৈরী হয়।যাহা 600 মিটার গোলাকার পরিধিযুক্ত।এখানে নির্গত

প্রোটন কণার শক্তি 28 GeV।নির্গত কণা গুচ্ছ সুবিধামত ISR, SPS, LHC ব্যবস্থায় আরো শক্তিতে ত্বরণের জন্য প্রবেশ করানোর ব্যবস্থা আছে।

ISR বা ইন্টার সেক্টিং স্টোরেজ রিং (Intersecting Storage Ring) এর কাজ 1966 সালে শুরু হয় এবং যাহা 1971 সালে কার্য্যকরী হয়।এর জোড়া রিংয়ে প্রোটন সিনক্রোট্রন থেকে আগত কণাগুলিকে সংরক্ষণ করা যায়।এটাই প্রথম হ্যাড্রন কলাইডার।পূর্বের প্রচেষ্টা সমুহ শুধু ইলেকট্রন বা ইলেকট্রন - পজিট্রনের ক্ষেত্রে প্রযোজ্য ছিল।

প্রোটন সিনক্রোট্রন বুস্টার (Proton Synchrotron Booster - PSB) 1972 সালে চালু হয়।যেখানে প্রোটন কণার শক্তি 1.4 GeV, যাহা PS এবং অন্যান্য ব্যবস্থার জন্য ব্যবহার হয়।

সুপার প্রোটন সিনক্রোট্রন (Super Proton Synchrotron - SPS) প্রথম 1976 সালে চালু হয়।সেই সময় এর পরিধি 6.9 কিলোমিটার ছিল।যাহা 400 GeV পর্য্যন্ত প্রোটন কণাকে ত্বরান্বিত করা সম্ভব হয়েছিল।সুপার প্রোটন সিনক্রোট্রনয়ে 1981 সাল থেকে 1984 সাল পর্য্যন্ত প্রোটন - এ্যান্টিপ্রোটন, ইলেকট্রন - পজিট্রন কণাকে ত্বরান্বিত করা এবং লার্জ ইলেকট্রন - পজিট্রন (Large Electron–Positron - LEP) কলাইডারে প্রবেশ করানোর জন্য ব্যবহার হয়।এখানে ভারী আয়ণ কণাও ত্বরান্বিত করা সম্ভব হয়েছিল।এখানে উল্লেখযোগ্য পরীক্ষা রূপে UA1 এবং UA2 পরীক্ষা সম্পন্ন হয়।এর ফলে W এবং Z কণিকার সন্ধাণ পাওয়া যায়।যাহার ফলে কার্লো রুবিয়া (Carlo Rubia) এবং সাইমন ভ্যানডার মিয়ার (Simon Van der Meer) 1984 সালে নোবেল পুরস্কার পান।

লার্জ ইলেকট্রন - পজিট্রন (Large Electron–Positron - LEP) কলাইডার 1989 সালে চালু হয়।এটি 27 কিলোমিটার লম্বা ভূগর্ভস্থ টানেলে অবস্থিত যাহার পরিধি আবার সুইজারল্যান্ড এবং ফ্রান্স অঞ্চলে অবস্থিত। এই

কলাইডারে ইলেকট্রন - পজিট্রন কণা প্রথমে 45 GeV এবং পরে 209 GeV পর্য্যন্ত পৌছায়।সেই সময় এটি বৃহৎ কলাইডার রূপে গন্য হয়।এরপর 2001 সাল নাগাদ এটি বন্ধ করে টানেল খালি করা হয়।যাহাতে পরবর্তী কালে ঐ টানেলে লার্জ হ্যাড্রন কলাইডার (Large Hadron Collider - LHC) বসানো যায়।

বিভিন্ন প্রকার তেজস্ক্রিয় মৌল আয়ণ কণা ত্বরান্বিত করার উদ্দেশ্যে আইসোলডি (ISOLDE) নামক পরীক্ষা ব্যবস্থা 1993 সালে সার্নে তৈরী হয়েছে বিশেষ আন্তর্জাতিক কার্য্যক্রম হিসাবে।এই আন্তর্জাতিক কার্য্যক্রমে বিভিন্ন দেশ ও সংস্থা ছাড়াও ভারতও একটি সহযোগী দেশ।এই ব্যবস্থার দ্বারা এ্যাটমিক ফিজিক্স, নিউক্লিয়ার ফিজিক্স, সলিড স্টেট ফিজিক্স, বস্তু বিজ্ঞান এবং জীবন বিজ্ঞানের গবেষণা করা যাবে।

লার্জ হ্যাড্রন কলাইডার: বর্তমানে বিশ্বের সবচেয়ে শক্তিশালী কলাইডার 'লার্জ হ্যাড্রন কলাইডার' (Large Hadron Collider - LHC) তৈরী হয়েছে যাহা 2008 সালের 10 ই সেপ্টেম্বর চালু হয়।এই কলাইডারটি পূর্বের LEP কলাইডারের জন্য ব্যবহার করা টানেলে ব্যবস্থা করা হয়েছে।এই টানেলের গভীরতা 50 থেকে 175 মিটার পর্য্যন্ত অর্থাৎ প্রায় 15 থেকে 50 তলা বাড়ির সমান গভীরতা।এর পরিধি 27 কিলোমিটার লম্বা এবং টানেলের কংক্রিট দেওয়ালের ভেতরের দিকের চওড়া 3.8 মিটার বা 12 ফুট।

যাহা সুইজারল্যান্ড এবং ফ্রান্স অঞ্চলের সীমান্তে অবস্থিত, বেশীর ভাগ জায়গা ফরাসী অঞ্চলের অন্তর্গত এবং চারজায়গায় টানেলটি সীমান্ত অতিক্রম করেছে। টানেলের উপর ভূপৃষ্ঠের উপর বিভিন্ন জায়গায় সহায়ক যন্ত্রপাতি এবং আনুষঙ্গিক ব্যবস্থা করা হয়েছে।

LHC সংক্রান্ত কাজে প্রায় 10,000 বিজ্ঞানী এবং ইঞ্জিনিয়ার প্রায় 100 টি দেশের বিভিন্ন গবেষণাগার বা বিশ্ববিদ্যালের সঙ্গে যুক্ত।

LHC 2014 সালের প্রথমে সর্ববৃহৎ এবং জটিল পরীক্ষা ব্যবস্থা রূপে গন্য করা হয়।এর সিনক্রোট্রনের নক্সা অনুযায়ী বিপরীত মুখী প্রোটন কণা 7 TeV প্রতি

কেন্দ্রক কণা এবং সীসার (lead) আয়ণ 574 TeV শক্তির সমান হয়।যাহা 2015 সাল নাগাদ দ্বিগুন হবে।

মূল লার্জ হ্যাড্রন কলাইডারে ত্বরণের পূর্বে প্রোটন অথবা ভারী মৌল কণাকে বিভিন্ন ধাপে ত্বরান্বিত করা হয়।প্রথমে লিনাক-2 (linac2) তে প্রোটন অথবা ভারী কণারূপে সীসাকে লিনাক-3 (linac3) তে ত্বরান্বিত করা হয়।যেমন প্রোটন কণার ক্ষেত্রে লিনাক-2 য়ে 50 MeV তে ত্বরান্বিত করা হয়।তারপর প্রোটন সিনক্রোট্রন বুস্টারয়ে 1.4 GeV তে ত্বরান্বিত করা হয়।এরপর প্রোটন কণা প্রোটন সিনক্রোট্রনয়ে 26 GeV তে ত্বরান্বিত করা হয়।ঐ ত্বরান্বিত প্রোটন কণা সুপার প্রোটন সিনক্রোট্রনয়ে প্রবেশ করে এবং 450 GeV তে শক্তি বৃদ্ধি পায়।সবশেষ ধাপে সুপার প্রোটন সিনক্রোট্রন থেকে বের হওয়া কণা সমুহ বিশেষ প্রক্রিয়ায় লার্জ হ্যাড্রন কলাইডারের বৃহৎ দুটি বিপরীত মুখী রিং য়ে প্রবেশ করে।এরপর প্রোটন কণারা 3.5 TeV প্রতি কণা স্রোত অর্থাৎ সংঘর্ষ বিন্দুতে 7 TeV শক্তি উৎপন্ন হয়েছে।

কলাইডারের মূল উদ্দেশ্য প্রোটন – প্রোটন সংঘর্ষ ঘটানো হলেও অল্প সময় ভারী মৌল আয়নের জন্য সময় ব্যয় করা হয়।যেমন সীসা আয়ন লিনাক-3 তে ত্বরান্বিত করার পর কম শক্তি যুক্ত আয়ন রিং (Low Energy Ion Ring – LEIR) প্রবেশ করে।পরে বিভিন্ন ধাপে PS, SPS হয়ে মূল LHC রিংয়ে প্রবেশ করানো হয়।সেখানে সীসা কণার শক্তি প্রায় 2.76 TeV তে উন্নীত হয় যাহা 575 TeV প্রতি সীসা আয়নের জন্য হয়।ভারী মৌল আয়নের সংঘর্ষ কোয়ার্ক গ্লুয়ন প্লাজমার অস্তিত্ব প্রমাণ করতে পারে।

কলাইডারের টানেলে পাশাপাশি সমান্তরাল ভাবে দুটো বিম টিউব চার জায়গায় একটি আরেকটির সঙ্গে পার (cross) করেছে।এই দুইটি বিমের চারটি জায়গায় বৃহৎ পরীক্ষা ব্যবস্থা গুলি বসানো হয়েছে।প্রোটন কণা সমুহ দুটো বিম টিউবে বিপরীত মুখী পথে চালিত হয়ে ঐ চারটি জায়গায় সংঘর্ষ ঘটানো হয়।এই বিশাল চক্রাকার পথে বিভিন্ন জায়গায় প্রায় 1232 টি ডাইপোল (dipole) চুম্বক

এবং 392 টি কোয়াড্রোপোল চুম্বক বসানো হয়েছে।এখানে ডাইপোল চুম্বক গুলির কাজ হল সমস্ত ত্বরাণ্বিত কণাকে সঠিকভাবে গোলাকার পথে ঘুরতে সাহায্য করে।আবার কোয়াড্রোপোল চুম্বকের দ্বারা কণা গুচ্ছ কে ফোকাস করার কাজ হয়।প্রায় 1600 টি সুপার কন্ডাকটিং চুম্বক ব্যবহার হয়েছে যাহার মধ্যে সবচেয়ে বেশী বড়টি 27 টন ওজন।এই চুম্বক গুলিতে প্রায় 96 টন তরল হিলিয়াম ব্যবহার করে 1.9 কেলভীন তাপমাত্রায় আনা হয়।অতিপরিবাহি তার রূপে কপার ক্ল্যাড যুক্ত নায়োবিয়াম টাইটেনিয়াম ব্যবহার করা হয়। LHC তে বিশ্বের সর্ববৃহৎ ক্রায়োজেনিক (cryogenic) ব্যবস্থা, যাহা তরল হিলিয়াম তাপমাত্রায় কাজ করে।

বৃহৎ পরীক্ষা এবং কলাইডার: লার্জ হ্যাড্রন কলাইডারে পরীক্ষার জন্য ছোট, বড় গবেষণা ব্যবস্থা স্থান ঠিক করা হয়েছে।বড় চারটি গবেষণা স্থান হল এ্যাটলাস (A Toroidal Lhc Apparatus System), সিএমএস (Compact Muon Solenoid – CMS), এ্যালিস (A Large Ion Collider Experiment - ALICE), এলএচসি-বি (LHCbeauty - LHCb)।

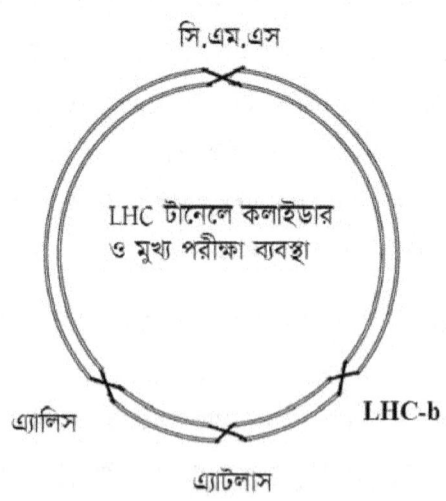

4.1 ছবি – লার্জ হ্যাড্রণ কলাইডার ও মুখ্য পরীক্ষা সমুহ

এ্যাটলাস: পরীক্ষা ব্যবস্থায় বিভিন্ন পদার্থ বিজ্ঞানের নুতন অন্বেষণ ছাড়াও ভরের উৎপত্তি এবং ব্রহ্মান্ডের অতিরিক্ত মাত্রার (extra diamension) সম্বন্ধে খোঁজ করা।এখানে বলা দরকার ভরের উৎপত্তি রহস্য জানার জন্য হিগস বোসন কণার অনুসন্ধান প্রয়োজন হয়ে পড়ে।এ্যাটলাস পরীক্ষা ব্যবস্থা 46 মিটার লম্বা, 25 মিটার চওড়া এবং 7000 টন ওজন যুক্ত।এ্যাটলাস পরীক্ষার সহযোগিতায় প্রায় 3000 জন, 38 টি দেশের বিভিন্ন 175 টি সংস্থা থেকে অংশ গ্রহন করছে।এ্যাটলাস পরীক্ষা ব্যবস্থায় চার ধরনের ডিটেকটার ব্যবস্থা আছে। আবার প্রত্যেক ডিটেকটার ব্যবস্থা কয়েকটি ডিটেকটার যন্ত্র দ্বারা গঠিত।যেমন মিউয়ন স্পেক্ট্রোমিটার দুটি, ইনার (inner) ডিটেকটার তিনটি এবং ক্যালোরিমিটার গোষ্ঠিতে দুটি ডিটেকটার যন্ত্র আছে।

সিএমএস: পরীক্ষা ব্যবস্থায় অন্যভাবে হিগস বোসন কণার অনুসন্ধান করা এবং অদৃশ্য বস্তর (dark matter) প্রকৃতি সম্বন্ধে অনুসন্ধান করা।সিএমএস পরীক্ষা ব্যবস্থা 21.6 মিটার লম্বা, 15 মিটার চওড়া এবং 12500 টন ওজন যুক্ত। সিএমএস পরীক্ষার সহযোগিতায় প্রায় 3800 জন, 42 টি দেশের বিভিন্ন 182 টি সংস্থা থেকে অংশ গ্রহন করছে।সিএমএস পরীক্ষা ব্যবস্থায় মুখ্যত দুই ধরনের ডিটেকটার ব্যবস্থা আছে।প্রথমত সিএমএস স্তরসমুহ যেমন ট্র্যাকার (tracker), ইলেকট্রোম্যাগনেটিক (electromagnetic) অংশ সমুহ আছে। দ্বিতীয়ত ক্যালোরিমিটার অংশে হ্যাড্রোনিক ক্যালোরিমিটার, চুম্বক সমষ্টি এবং মিউয়ন ডিটেকটার সমুহ আছে।

এ্যালিস: পরীক্ষা ব্যবস্থায় বিগ ব্যাঙ মহাবিস্ফোরণ ঘটার সময় ক্ষণস্থায়ী ভাবে কোয়ার্ক-গ্লুয়ণ প্লাজমা অবস্থার বিষয়ে অনুসন্ধাণ করা।এ্যালিস পরীক্ষার সহযোগিতায় প্রায় 1300 জন, 36 টি দেশের বিভিন্ন 110 টি সংস্থা থেকে অংশ গ্রহন করছে।এ্যালিস পরীক্ষা ব্যবস্থায় একটি সুবিশাল চুম্বক সহ পাঁচ ধরনের ডিটেকটার ব্যবস্থা আছে।আবার প্রত্যেক ডিটেকটার ব্যবস্থা কয়েকটি ডিটেকটার যন্ত্র দ্বারা গঠিত।যেমন পার্টিক্যাল ট্র্যাকিংয়ে (particle tracking) তিনটি, পার্টিক্যাল আইডেনটিফিকেশনয়ে (particle identification) দুটি,

ক্যালোরিমিটার (calorimeter) গোষ্ঠিতে পাঁচটি, কলিসন ক্যারেক্টারের (collision character) জন্য তিনটি ডিটেকটার যন্ত্র আছে।এছাড়া একটি এ্যালিস কসমিক রশ্মি ডিটেকটার যন্ত্র আছে।

এলএচসি-বি: পরীক্ষা ব্যবস্থায় বস্তু এবং প্রতিবস্তু (antimatter) এর সম্বন্ধে অনুসন্ধান করা।কারণ অনুমান করা হয় বিগ ব্যাঙ ঘটার মুহূর্তে কণা-প্রতিকণার সংখ্যা সমান ছিল।কিন্তু বর্তমান ব্রহ্মান্ডে প্রতিকণার ঘাটতির এবং কণার আধিক্যের সঠিক কারণ অনুসন্ধান করা দরকার।এলএচসি-বি পরীক্ষার সহযোগিতায় প্রায় 840 জন, 16 টি দেশের বিভিন্ন 60 টি সংস্থা থেকে অংশ গ্রহন করছে।এলএইচসি-বি পরীক্ষা ব্যবস্থায় ছয় ধরনের ডিটেকটার ব্যবস্থা আছে।তাহার মধ্যে অন্যান্য ধরনের ডিটেকটার ব্যবস্থা ছাড়াও ক্যালোরিমিটার এবং মিউয়ন ডিটেকটার সমুহ আছে।

ছোটো পরীক্ষা: তিনটি পরীক্ষা ব্যবস্থা হল এলএচসি-এফ (LHCf – LHC forward), টোটেম (TOTEM) সামগ্রীক প্রস্থচ্ছেদ (cross-section) ইলাস্টিক স্কেটারিং (elastic scattering) এবং বিয়োজন (dissociation) মাপা এর উদ্দেশ্য।তারপর মোয়েডাল (MoEDAL) যাহা মোনোপোল (Monopole) এবং এক্সোটিক ডিটেক্টার এট এলএসসি (Exotic Detector at LHC)।

পরীক্ষা সমুহের জন্য প্রচেষ্টা: LHC তে উচ্চ শক্তিযুক্ত প্রোটন কণা সমুহের সংঘর্ষের ফলে বিশাল পরিমান ডেটা বা তথ্য তৈরী হয়।যাহা গ্রীড ভিত্তিক কম্প্যুটার ব্যবস্থার দ্বারা তথ্য আহরণ, সংরক্ষণ এবং বিশ্লেষণ কাজ সম্পন্ন করা হয়।এই কম্প্যুটার গ্রীড আন্তর্জাতিক সহযোগিতা মূলক প্রকল্প যেখানে উচ্চমানের 170 টি কম্প্যুটার কেন্দ্র বিশ্বের প্রায় 36 টি দেশের সঙ্গে সংযুক্ত।LHC তে প্রতিবছর প্রায় 25 পেটাবাইট (1 petabyte = 10^{15} bytes) তথ্য তৈরী হবে বলে আশা করা যায়।

ভারতীয় সহযোগিতা মূলক প্রচেষ্টা: ভারতীয় বিজ্ঞানী এবং প্রযুক্তিবিদরা সিএমএস এবং এ্যালিস পরীক্ষা ব্যবস্থার সঙ্গে যুক্ত।এখানে বিভিন্ন ডিটেকটার

গঠণ, স্থাপনা, গবেষণা তথ্য বিশ্লেষণকারী সফটওয়ার রচনা, ডিটেকটার পূর্ব মন্টে কার্লো সিমুলেশন (Monte Carlo simulation), পদার্থ বিজ্ঞানের জন্য সিমুলেশন এবং বিশ্লেষণের কাজ করা।

এ্যালিস পরীক্ষা ব্যবস্থায় দুটি ডিটেকটার দুটির মধ্যে প্রথমটি পিএমডি অর্থাৎ PMD (Photon Multiplicity Detector), এর নক্সা, গঠন, স্থাপনা সবই কলকাতার VECC এর বিজ্ঞানী, প্রযুক্তিবিদরা এবং অন্যান্য সর্বভারতীয় সহযোগীরা করে।যাহার সম্বন্ধে সংক্ষেপে পরে বলা হয়েছে।দ্বিতীয়ত মিউয়ন ডিটেকটার, SINP এর বিজ্ঞানী, প্রযুক্তিবিদরা এবং অন্য সহযোগীরা গঠন, স্থাপনা করেন।

সিএমএস পরীক্ষা ব্যবস্থায় অনুরূপভাবে ট্র্যাকার, ইলেকট্রো-ম্যাগনেটিক ক্যালোরিমিটার এবং হ্যাড্রোনিক ক্যালোরিমিটার ব্যবস্থার সঙ্গে বিভিন্ন ভারতীয় বিজ্ঞানী এবং প্রযুক্তিবিদরা যুক্ত।

পরীক্ষা তথ্য বিশ্লেষণ করার জন্য কম্প্যুটার এবং তথ্যপ্রযুক্তি বিশেষ ভূমিকা নেয়।যাহার জন্য LHC গ্রীড কম্প্যুটিং ব্যবস্থা গড়ে উঠেছে।সেক্ষেত্রে উল্লেখ যোগ্য বিভিন্ন ধরনের সফটওয়ার রচনা ভারতীয়রা করেছেন।গ্রীড কম্প্যুটিংয়ের দ্বিতীয় স্তরের (Tier II) কম্প্যুটার কেন্দ্র TIFR (Mumbai), VECC (Kolkata) তে গঠন করা হয়েছে।এছাড়া 17 টি তৃতীয় স্তরের (Tier III) কম্প্যুটার কেন্দ্র বিভিন্ন গবেষণা কেন্দ্রে স্থাপিত হয়েছে।

LHC তে বিভিন্ন প্রযুক্তির কাজে ভারতীয় বিজ্ঞানী এবং প্রযুক্তিবিদরা নিয়োজিত ছিলেন।যেমন LHC এর জন্য বিভিন্ন সুক্ষ্ম মাপের যন্ত্রাংশ তৈরী এবং সরবরাহ করা।অপরদিকে উন্নত প্রশিক্ষণ প্রাপ্ত বিজ্ঞান এবং প্রযুক্তিবিদ রূপে মানব সম্পদের অস্থায়ী ভাবে বিভিন্ন ভারতীয় সংস্থা থেকে যোগদান করেছিলেন।

সর্বশেষ পরিস্থিতি এবং ফলাফল: LHC চালু হয় 10 ই সেপ্টেম্বর 2008 সালে তারপর নয়দিন চলার পর হঠাৎ বৈদ্যুতিক গোলোযোগের ফলে সুপারন্ডাকটিং চুম্বক কোয়েন্চ (quench) করে।সুপারন্ডাকটিং চুম্বক কোয়েন্চ তখনই করে যখন সুপারন্ডাকটিং সরু তার সাময়িক ভাবে কোনো কারণে তাহার ধর্ম হারিয়ে সাধারন রোধযুক্ত তারে পরিনত হয়।এর ফলে প্রচন্ড উত্তাপের সৃষ্টি হয়।

পুনরায় 20 নভেম্বর 2009 সালে চালু হয়।এরপর প্রোটন - প্রোটন কণা সংঘর্ষ 3.5 TeV প্রতি বিম সম্ভব হয়।তারপর 2012 সাল নাগাদ প্রোটন - প্রোটন কণা সংঘর্ষ 4 TeV প্রতি বিম সম্ভব হয়।প্রোটন কণা এবং ভারী সীসা কণা সংঘর্ষ 2013 সাল নাগাদ কয়েক মাসের জন্য ঘটানো হয়।তাহার পর LHC এর কার্য্য নিয়ম মাফিক মেরামতি এবং উন্নত সংস্কারের জন্য বন্ধ করা হয়। যাহাতে 2015 সালের প্রথমার্ধে LHC চালু হওয়ার পর প্রোটন - প্রোটন কণা সংঘর্ষ 7 TeV প্রতি বিম সম্ভব হয়।

LHC এর সাহায্যে বিভিন্ন পরীক্ষা ব্যবস্থায় 125 GeV শক্তি যুক্ত বোসন কণার অস্তিত্ব প্রমান হয়।যাহা পরে নিশ্চিত হওয়া গেছে হিগস বোসন কণা নামে।এ্যালিস পরীক্ষা ব্যবস্থায় কোয়ার্ক গ্লুয়ন প্লাজমার অস্তিত্ব অনুভব করা গেছে তবে সুনিশ্চিত হওয়ার জন্য আরও বেশী তথ্য দরকার।এছাড়া অতি বিরল বিশেষ ধরনের মেসন কণার বিয়োজন মিউয়ন জোঁড়ার উৎপত্তিতে সুপার সিমেট্রি তত্ত্বের সপক্ষে প্রমাণ বলে মনে করা হচ্ছে। ভবিষ্যতে LHC এর সাহায্যে আরও অনেক অজানা তথ্য জানা যাবে বলে আশা করা যায়।

পঞ্চম অধ্যায়

উচ্চ প্রযুক্তি এবং বৈজ্ঞানিক পরীক্ষা পদ্ধতি

বৈজ্ঞানিক পরীক্ষার জন্য গবেষণাগারে পরমাণু কেন্দ্রকের বিক্রিয়া বোঝার জন্য কণা ত্বরণ যন্ত্র (particle accelerator) ছাড়াও কণা বা বিকিরণ নিরীক্ষণ যন্ত্র (particle or radiation detecter) দরকার।কণা বা বিকিরণ নিরীক্ষণ যন্ত্র বিভিন্ন প্রকারের হতে পারে।আবার পূর্বে বর্ণিত ত্বরণ যন্ত্র এবং কণা বা বিকিরণ নিরীক্ষণ যন্ত্র সূষ্ঠু কাজের জন্য বিভিন্ন প্রকার উন্নত প্রযুক্তির দরকার হয়।প্রথমে ত্বরণ যন্ত্র এবং বৃহৎ পরীক্ষা ব্যবস্থা সমুহে ব্যবহার যোগ্য প্রযুক্তি গুলির গুরুত্ব সম্বন্ধে বলা হয়েছে।তারপর বিভিন্ন প্রকার কণা বা বিকিরণ নিরীক্ষণ যন্ত্র বা ডিটেকটার সম্বন্ধে বলা হচ্ছে।এছাড়া কম্প্যুটার এবং তথ্য প্রযুক্তির গুরুত্ব বিশাল সেজন্য তাহা আলাদা ভাবে ষষ্ঠ এবং সপ্তম অধ্যায়ে বলা হয়েছে।

ত্বরণ যন্ত্র এবং পরীক্ষা ব্যবস্থায় প্রযুক্তি: লার্জ হ্যাড্রন কলাইডার এবং সংশ্লিষ্ট পরীক্ষা ব্যবস্থার জন্য পরিকাঠামো নির্মাণ ব্যবস্থা করতে হয়েছে।লার্জ হ্যাড্রন কলাইডারের জন্য ব্যবহৃত টানেলটি মাটির গভীরে এবং ভেতরে খনন কাজের মাধ্যমে সম্পন্ন হয়েছিল।লার্জ হ্যাড্রন কলাইডারের 27 কিলো মিটার পরিধির টানেল নির্মানে অত্যাধুনিক ইঞ্জিনীয়ারীং পরিকল্পনা এবং রূপায়নে বিভিন্ন সমস্যার উপর জোর দেওয়া হয়। এগুলি হল বড় মাপের প্রাকৃতিক দূর্যোগ বিশেষত ভূমিকম্প নিরোধী ব্যবস্থা, যান্ত্রিক কম্পন নিরোধী ব্যবস্থা এবং টানেলের বিভিন্ন গভীরতায় সমতলের নিখুত সামঞ্জস্য রাখা হয়েছে।কলাইডারের বিকিরণ যাহাতে বাইরে ছড়াতে না পারে সেজন্য উপযুক্ত বিকিরণ শোষণকারী কংক্রিট আবরন ব্যবহার করা হয়।

টানেলের ভেতর বায়ু সঞ্চালন, বায়ু চাপ, আর্দ্রতা এবং তাপমাত্রা সামগ্রীক ভাবে নিয়ন্ত্রন বিশেষ জরুরী।টানেলের ভেতর বসানো বিভিন্ন বিশাল যন্ত্রপাতি তে নিরবিচ্ছিন্ন ভাবে বিশাল পরিমান বিদ্যুৎ গ্রীড থেকে বিভিন্ন জায়গা দিয়ে

সরবরাহ করা হয়।এরপর এই বিদ্যুৎ সরবরাহের বড় অংশ মূলত প্রায় 2000 টি বড় মাপের চুম্বকে সরবরাহ ব্যবস্থা করা হয়।তাহা প্রায় 200 মেগাওয়াট পর্য্যন্ত হতে পারে, যাহা একটি মাঝারী আকারের শহরের চাহিদা মেটাতে পারে।

বিভিন্ন তড়িৎ চুম্বক বিশেষত অতিপরিবাহি তড়িৎ চুম্বকে বিশাল পরিমান ডিসি বিদ্যুৎ প্রবাহ পাঠানোর প্রয়োজন হয়।যাহা অনেকগুলি ডিসি পাওয়ার সাপ্লাইয়ের সাহায্যে করা হয়।এগুলির মধ্যে কিছুর বিদ্যুৎ প্রবাহ কয়েক হাজার এ্যাম্পিয়ার এবং সুস্থিতি (stability) অত্যন্ত সুক্ষ্ম হওয়া দরকার।

বিভিন্ন অতিপরিবাহি তড়িৎ চুম্বকের গঠন, স্থাপন, তরল হিলিয়াম দ্বারা শীতলীকরণ, উচ্চ মাত্রায় ডিসি বিদ্যুৎ প্রবাহ পাঠানোর ব্যবস্থা করা হয়।এছাড়া অতিপরিবাহি তড়িৎ চুম্বকের বিশেষ নিরাপত্তা যাহা অনেক সময় কোয়েনচিং এর সময় ঘটে।সুপারন্ডাকটিং চুম্বক কোয়েন্চ তখনই করে যখন সুপারন্ডাকটিং সরু তার সাময়িক ভাবে কোনো কারণে তাহার অতিপরিবাহি ধর্ম হারিয়ে সাধারণ রোধযুক্ত তারে পরিণত হয়।

এর ফলে প্রচন্ড উত্তাপের সৃষ্টি হয়।যাহা দ্রুত চারপাশের তরল হিলিয়ামকে প্রচন্ড উত্তাপে এবং চাপে বাষ্পে পরিণত করে।এর ফলে দুর্ঘটনা ঘটা এবং অতিব্যয়সাধ্য তরল হিলিয়ামের অপচয় হওয়ার সম্ভাবনা থাকে।সেজন্য বিভিন্ন দ্রুত পর্য্যবেক্ষণ ব্যবস্থা, সুরক্ষা এবং প্রতিকার ব্যবস্থা মূল পরিকল্পনার অঙ্গ রূপে ধরা হয়।

এই চুম্বক গুলিতে প্রায় 96 টন তরল হিলিয়াম ব্যবহার করে 1.9 কেলভীন তাপমাত্রায় আনা হয়। অতিপরিবাহি তার রূপে কপার ক্ল্যাড যুক্ত নায়োবিয়াম টাইটেনিয়াম ব্যবহার করা হয়। LHC তে বিশ্বের সর্ববৃহৎ ক্রায়োজেনিক (cryogenic) ব্যবস্থা, যাহা তরল হিলিয়াম তাপমাত্রায় কাজ করে।ফলে বিশাল ক্রায়োজেনিক ব্যবস্থার মাধ্যমে বিশুদ্ধ গ্যাসীয় হিলিয়াম থেকে তরল হিলিয়াম

উৎপাদন, সংরক্ষণ এবং বিতরন একটি বিশাল কাজ।তাছাড়া সহায়ক শীতলীকরনের জন্য প্রচুর তরল নাইট্রোজেনও দরকার হয়।

ইলেকট্রনিক্স এবং ফোটোনিক্স যন্ত্রাংশ: পূর্বে বর্ণিত কলাইডার এবং বিভিন্ন জটিল পরীক্ষা সম্পন্ন করার জন্য অতি সুক্ষ্ম পরিমান বিদ্যুৎ বা আলোক সংকেত মাপার প্রয়োজন হয়।এখানে এই পরিমান সাধারণ প্রচলিত ইলেকট্রনিক্স যন্ত্রাংশ বা ‘মাইক্রো চিপস’ দ্বারা করার কিছু অসুবিধা আছে।কারণ এই পরিমাপ সমুহ অতিদ্রুত সমান্তরাল ভাবে অনেকগুলি একসঙ্গে করার দরকার হয়।উচ্চ তেজস্ক্রিয় বিকিরণ পরিবেশ ‘মাইক্রো চিপস’ এর আয়ু হ্রাস করে।এছাড়া উচ্চ চৌম্বক ক্ষেত্র এবং উচ্চ বৈদ্যুতিক অপস্বরের (electrical noise) উপস্থিতি সংকেত আহরণে ব্যাঘাত ঘটায়।এই সমস্ত চ্যালেঞ্জের মোকাবিলার জন্য বিভিন্ন উন্নত প্রযুক্তির সাহায্যে নুতন ধরনের বিভিন্ন ‘মাইক্রো চিপস’ তৈরী করার প্রয়োজন হয়েছে।

এছাড়া দ্রুত সংকেত পাঠানোর জন্য আলোক সংকেত রূপে পাঠানোর জন্য অপ্টিকাল ফাইবার এবং বিভিন্ন ফোটোনিক্স বিদ্যার ব্যবহার দরকার হয়েছে।

কলাইডার এবং অন্যান্য পরীক্ষা ব্যবস্থায় ত্বরান্বিত কণাদের সুষ্ঠু সঞ্চালনের জন্য উচ্চ পর্য্যায়ের বায়ুশুন্য বিম পাইপ ব্যবহার হয়।এই উচ্চ পর্য্যায়ের বায়ুশুন্য রাখার জন্য উন্নত ভ্যাকুয়ম (vacuum) ব্যবস্থা দরকার হয়েছে।

উচ্চ স্তরের বস্তুবিজ্ঞান: এই কর্মকান্ডে বস্তুবিজ্ঞানের বিভিন্ন দিক যেমন সুচারু দূষ্প্রাপ্য গ্যাসের মিশ্রণ, দূর্লভ ধাতু বা সংকর ধাতু, নানো প্রযুক্তি, থিন ফিল্ম প্রযুক্তি আকারে বিভিন্ন বস্তু ব্যবহার হয়।

সর্বশেষে বিভিন্ন ধরনের সুরক্ষা ব্যবস্থার পরিকল্পনা, ব্যবস্থা, প্রশিক্ষণ এবং পর্য্যবেক্ষণ ব্যবস্থার আয়োজন করা হয়েছে।বিশেষত দুর্ঘটনা এবং বিকিরণ জনিত সুরক্ষা একটি উল্লেখযোগ্য বিষয়।

কণা বা বিকিরণ নিরীক্ষণ যন্ত্র ব্যবস্থা: বিভিন্ন গবেষণাগারে কণা বা বিকিরণ নিরীক্ষণ যন্ত্র (particle or radiation detector) বা সংক্ষেপে 'ডিটেকটার' রূপে ব্যবহার হয়। বিভিন্ন গবেষণামূলক পরীক্ষার জন্য 'ডিটেকটার' এর প্রয়োজন হয়।এই ডিটেকটার বা ডিটেকটার সমষ্টি বিভিন্ন রকমের এবং বিভিন্ন কাজের জন্য ব্যবহার হতে পারে।ডিটেকটার সমুহ দ্বারা কণা বা বিকিরণের শক্তি, ভরবেগ, সময়, আধান প্রকৃতি, একাধিক ঘটনার সম্মেলন (coincidence) ইত্যাদি বোঝা সম্ভব।তাছাড়া বড় বড় পরীক্ষা ব্যবস্থায় জটিল বিষয় বোঝার জন্য একাধিক ধরনের, অনেক ডিটেকটার সমুহের সমাবেশ এবং সহায়ক ব্যবস্থার প্রয়োগ হয়।বিভিন্ন ধরনের ডিটেকটারের মধ্যে কিছু নিষ্ক্রিয় ধরনের হয়।যেমন মেঘ কক্ষ (cloud chamber), বুদবুদ কক্ষ (bubble chamber), ফোটোগ্রাফিক এ্যামালসন (photographic emulsion) প্লেট, প্লাস্টিক ট্র্যাক ডিটেকটার রূপে ব্যবহার হয়।

আবার কিছু 'ডিটেকটার' সক্রিয় ধরনের হয়। যেখানে ডিটেকটারে সংকেত প্রথমে বিদ্যুতিক অথবা আলোক রূপে পাওয়া যায়।যেমন গ্যাস আয়ণিত ডিটেকটার বা সেমিকন্ডাকটার ভিত্তিক ডিটেকটারে প্রাথমিক ভাবে বিদ্যুতিক সংকেত তৈরী হয়।

কিন্তু সিনটিলেটার (Scientillator) ভিত্তিক ডিটেকটারে প্রাথমিক ভাবে আলোক সংকেত তৈরী করে।যদিও পরবর্তী পর্য্যায়ে সমস্ত সংকেতই বিদ্যুতিক রূপে রূপান্তর করা হয় যাহাতে সাংখ্যিকিকরণের (digitization) পর তথ্য কম্প্যুটারে সংরক্ষণ এবং বিশ্লেষণ করা যায়।

মেঘকক্ষ যন্ত্রে স্বচ্ছ আবদ্ধ জায়গায় সম্পৃক্ত (saturated) তরল বাষ্প থাকে যাহাতে কেন্দ্রক বিকিরণ প্রবেশ করলে হাল্কা ছোটো মেঘের ন্যায় পথ তৈরী হয়।অনেকটা আকাশে জেট বিমানের পেছনে দৃশ্যমান মেঘপুঞ্জের মত।মেঘকক্ষে

উৎপন্ন পথের গতিবিধি চাক্ষুষ বা ছবি তোলা হয়।যাহা পরে তথ্য বিশ্লেষনে কাজে আসে।এই যন্ত্র পূর্বে অত্যধিক ব্যবহার হতো।

বুদবুদ কক্ষ (bubble chamber) যন্ত্রে অতিসম্পৃক্ত উত্তপ্ত তরল যেমন হাইড্রোজেন যুক্ত স্বচ্ছ কক্ষে কেন্দ্রক বিকিরণ প্রবেশ করলে হাল্কা ছোটো বুদবুদ রেখা তৈরী করে।

ফোটোগ্রাফিক এ্যামালসন প্লেটের বিভিন্ন স্তরের সমষ্টিতে ব্যবহার করা হয়।সে সময় কেন্দ্রক বিকিরণ বিভিন্ন স্তর ভেদ করে এবং গমন পথের রাসায়নিক পরিবর্তন ঘটায়।যাহা পর্য্যবেক্ষণ সময়ের পর প্লেটগুলিকে রাসায়নিক দিয়ে বিকশিত করলে কেন্দ্রক বিকিরণের গতিপথ এবং বিভিন্ন প্রকৃতি জানা যায়।এই পদ্ধতি পূর্বে উচ্চ শক্তি মহাজাগতিক রশ্মি বিষয়ে গবেষণার কাজে ব্যবহার হতো।

প্লাস্টিক ট্র্যাক ডিটেকটারে বিশেষ ধরনের প্লাস্টিক পাত বিভিন্ন পুরুত্বের এবং স্তরের সমষ্টিতে ব্যবহার করা হয়।এক্ষেত্রে বিকিরণ কণা বিভিন্ন স্তর ভেদ করে এবং গমন পথের রাসায়নিক পরিবর্তন ঘটায়।এই পরিবর্তিত স্থান রাসায়নিক প্রক্রিয়ার বিভিন্ন গমন পথের চিহ্ন অণুবীক্ষণ যন্ত্রে দেখা হয়।ফলে বিভিন্ন স্তরে কণার গতিপথ পর্য্যবেক্ষণ সম্ভব হয়।

গ্যাস আয়ণিত ডিটেকটার: গ্যাসীয় বা একাধিক গ্যাসীয় মিশ্রণের মাধ্যমের ভেতর দিয়ে কেন্দ্রক কণা বা বিকিরণ সঞ্চালিত হয়।এর ফলে গ্যাসীয় মাধ্যম আয়নিত হয়।যাহা উপযুক্ত ভোল্টেজ প্রয়োগে কারেন্ট বা চার্জ রূপে সংকেত হিসাবে পাওয়া যায়।

গ্যাস আয়ণিত ডিটেকটারে উৎপন্ন প্রাথমিক আয়নের অনেক সময় উচ্চ মাত্রায় পরিবর্ধন (amplification) ঘটে, প্রযুক্ত ভোল্টেজ বা বিদ্যুৎ ক্ষেত্রের পরিমানের উপর নির্ভর করে।সাধারনত গ্যাস আয়ণ কক্ষে খুব অল্প ভোল্টেজ

প্রয়োগে গ্যাসের নিজস্ব আয়ণিত ভোল্টেজের (gas ionization potential) থেকে বেশী হওয়া দরকার।

গ্যাসের নিজস্ব আয়ণিত ভোল্টেজের থেকে বেশী ভোল্টেজে বিকিরণের ফলে আয়ন তৈরী হয় কোনো পরিবর্ধন ছাড়া, যাহা শুধু আয়ণিত অঞ্চল (ionization region) নামে পরিচিত।এরপর আয়ণিত অঞ্চলে প্রযুক্ত ভোল্টেজের পরিমান বৃদ্ধি করা হয়।সেক্ষেত্রে উৎপাদিত আয়ণের সংখ্যা প্রাথমিক আয়নের থেকে বেশী অর্থাৎ পরিবর্ধন ঘটে যাহা গৌণ আয়ণিত করণের (secondary ionization) জন্য হয়।

এখানে সংকেতের পরিবর্ধন ক্ষমতা কয়েক লক্ষও হতে পারে এবং এই আয়ণিত অঞ্চলকে সমানুপাতি অঞ্চল (proportional region) বলে।আবার প্রযুক্ত ভোল্টেজের পরিমান থেকে অনেক বেশী হলে গ্যাস আয়ণিত ডিটেকটার 'ব্রেকডাউন' অঞ্চলে (breakdown region) কাজ করে।

এখানে সংকেতের পরিবর্ধন ক্ষমতা সমানুপাতি হয় না।গ্যাস আয়ণিত ডিটেকটার যখন সমানুপাতি অঞ্চলে কাজ করে তখন বিকিরণের শক্তি সংক্রান্ত তথ্য ভালভাবে পাওয়া যায়।আবার 'ব্রেকডাউন' অঞ্চলে যখন কাজ করে তখন বিকিরণের সময় সংক্রান্ত তথ্য ভাল পাওয়া সম্ভব।

গ্যাস আয়ণিত ডিটেকটার পদ্ধতি বিভিন্ন ভাবে কেন্দ্রক বিকিরণ মাপার কাজে আসে।এই ধরণের ডিটেকটার বিভিন্ন প্রকারের, আকারের এবং পদ্ধতির হতে পারে।যেমন খুব সরু তারযুক্ত গোল সিলিন্ডার আকৃতির (ক্ষেত্রবিশেষে ষড়ভূজাকার), সমান্তরাল ফলকের মাঝখানে সরু তারের সমাহার, মাইক্রো-প্যাটার্ণ (micropattern) ডিটেকটার, রেজিস্টিভ গ্লাস প্লেট চেম্বার (resitive plate chamber – RPC) ইত্যাদি। যাহা 5.1 ছবিতে দেখানো হয়েছে।

5.1 ছবি– গ্যাস আয়ণিত রূপে, তারযুক্ত, RPC, মাইক্রোপ্যাটার্ণ ডিটেকটার

গ্যাস আয়ণিত ডিটেকটার ব্যবহারের সময় বিভিন্ন গ্যাসীয় মিশ্রণ উপযুক্ত ভাবে ব্যবহার হয়।

সিনটিলেটার ডিটেকটার: কিছু স্বচ্ছ কঠিন, তরল বা গ্যাসীয় মাধ্যমের ভেতর দিয়ে কেন্দ্রক কণা বা বিকিরণ সঞ্চালিত হয়।তখন বিকিরণের শক্তি মাধ্যমে আলোর ঝলক তৈরী করে।এই আলোক ঝলক বিশেষ আলোক সংবেদী যন্ত্রাংশ যেমন ফোটো মাল্টিপ্লায়ার টিউব বা বিশেষ ধরনের ফোটো ডায়োডের সাহায্যে বিদ্যুৎ সংকেত রূপে পাওয়া যায়।

সিনটিলেটার ডিটেকটার আলোর ঝলক তৈরীর কার্য্যক্ষমতা গ্যাস আয়ণিত ডিটেকটারের তুলনায় কম।কিছু বিশেষ ধরনের গ্যাস, তরল এবং কঠিন পদার্থ সিনটিলেটার রূপে ব্যবহার হয়।কঠিন পদার্থ সিনটিলেটার রূপে কিছু অজৈব কেলাস ছাড়াও বিশেষ ধরনের প্লাস্টিক ব্যবহার হয়। সিনটিলেটার উৎপন্ন আলোর ঝলক অনেক ক্ষেত্রে দীর্ঘস্থায়ী বা স্বল্পস্থায়ী সময়ের হয়।যাহা অনেক ধরনের অনুসন্ধানের কাজে আসে।সিনটিলেটার ডিটেকটার বিকিরণের শক্তি সংক্রান্ত তথ্য এবং সময়ের বিষয়ে ব্যবহার হয়।

সেমিকন্ডাকটার ডিটেকটার: সেমিকন্ডাকটার বস্তু রূপে প্রধাণত সিলিকন এবং লিথিয়াম অপদ্রব্য (doped) সহ জার্মেনিয়াম ব্যবহার করা হয়। এছাড়া অনেক ক্ষেত্রে অন্য ধরনের সেমিকন্ডাকটার বস্তু ও ব্যবহার করা হয়। সেমিকন্ডাকটার

ডিটেকটারে বিকিরনের দরুন আধানের তৈরী হয়, যাহা সংকেত রূপে পাওয়া যায়।

এক্ষেত্রে সংকেত উৎপাদনের কার্য্যক্ষমতা গ্যাস আয়ণিত ডিটেকটারের তুলনায় বেশী হয়।সিলিকন এবং জার্মেনিয়াম যুক্ত ডিটেকটার তরল নাইট্রোজেন তাপমাত্রায় রঞ্জন রশ্মি এবং গামা রশ্মি অতি সুক্ষ্ম ভাবে পরিমাপ করতে সক্ষম।

বৃহৎ গবেষণার উপরোক্ত ডিটেকটার সমুহের প্রযুক্তি বিভিন্ন ভাবে ব্যবহার করা হয়।অনেক ক্ষেত্রে বিশাল সমষ্টির আকারে অথবা আরও উন্নত সংস্করণ রূপে ব্যবহার হয়।

ভারতে কণা বা বিকিরণ নিরীক্ষণ যন্ত্র পরীক্ষা ব্যবস্থা: পূর্বে উল্লেখিত ডিটেকটার সমুহের প্রযুক্তি সহায্যে বিভিন্ন সময়ে ডিটেকটার ব্যবস্থা বিভিন্ন ভারতীয় কেন্দ্রক গবেষণাগারে ব্যবহার করা হচ্ছে।এর মধ্যে গামা রশ্মি মাপার জন্য অতি বিশুদ্ধ জার্মেনিয়ামের ডিটেকটার সমষ্টি, সক্ষেপে INGA (Indian National Gamma Array) এবং বেরিয়াম ফ্লুরাইড কেলাস যুক্ত আরেক ধরনের গামা রশ্মি মাপার ডিটেকটার সমষ্টি দ্বারা তৈরী করা হয়েছে।

এছাড়া আধানযুক্ত কণার গবেষণার জন্য 'চার্জ পার্টিকল ডিটেকটার এ্যারে' (charged particle detector array) এবং নিউট্রন ডিটেকটার সমষ্টি তৈরী করা হয়েছে।এছাড়া পিক্সেল (pixel) সিলিকন ডিটেকটার ও তৈরী করা হয়েছে।

ভবিষ্যতে প্রস্তাবিত INO গবেষণাগারের জন্য বিভিন্ন প্রকার রেসিস্টিভ প্লেট চেম্বার (RPC) এর প্রোটোটাইপ তৈরী এবং পরীক্ষা বিভিন্ন ভারতীয় গবেষণাগারে করা হয়েছে।এছাড়া মাল্টিগ্যাপ RPC ডিটেকটার চিকিৎসা চিত্রায়নের কাজে ব্যবহারের জন্য কাজ শুরু হয়েছে।

পূর্বে উল্লখিত (তৃতীয় অধ্যায়) জার্মানীর FAIR গবেষণা কাজের জন্য ভবিষ্যতে মাইক্রোপ্যাটার্ন গ্যাস ডিটেকটার সমষ্টি মিউয়ন কণার অনুসন্ধানে ব্যবহার করার জন্য কাজ শুরু হয়েছে।

আবার পূর্বে উল্লখিত (চতুর্থ অধ্যায়) বিভিন্ন ভারতীয় সহযোগিতা মূলক কাজ ছাড়াও পিএমডি বা ফোটন মাল্টিপ্লিসিটি ডিটেকটার (PMD) বিষয়ে বলা হচ্ছে।যেখানে অতি উচ্চ শক্তিযুক্ত গামা রশ্মি মাপার জন্য ব্যবহার হয়।যাহা পুরু সীসার (lead) পাতে পড়লে ইলেকট্রন - পজিট্রন জোড়া তৈরীর রশ্মিধারা হয়।1991 থেকে 1994 সালের সময় সিন্টিলেটার এবং সবুজ লুমেনেসেন্ট প্লাস্টিক অপ্টিকাল ফাইবার সহযোগে পিএমডি সমষ্টি তৈরী করা হয়।যাহা সার্নে WA93 এবং WA98 নামক পরীক্ষা ব্যবস্থায় ব্যবহার হয়। পিএমডি সমষ্টিতে WA98 পরীক্ষা ব্যবস্থায় প্রায় 55,000 প্লাস্টিক সিনটিলেটার ব্যবহার হয়।

আবার 2003 থেকে 2007 সালের সময় গ্যাস আয়নিত ডিটেকটার প্রযুক্তির সাহায্যে পিএমডি তৈরী করা হয়।প্রথমে ষড়ভূজাকৃতি আকারের কোষ যুক্ত প্রায় 82000 ডিটেকটার সমষ্টি আমেরিকার BNL ল্যাবরেটারীতে STAR নামক পরীক্ষায় মডিউল আকারে 2003 সালে ব্যবহার করা হয়।

এরপর 2007 সালের সময় ভিন্ন নক্সায় তৈরী পিএমডি সার্নের এ্যালিস পরীক্ষা ব্যবস্থায় বসানো হয়।এখানে ষড়ভূজাকৃতি আকারের কোষের আকার পূর্বের তুলনায় ছোটো কিন্তু সংখ্যায় প্রায় 2.2 লক্ষ ডিটেকটার সমষ্টি মডিউল আকারে বসানো হয়।এখানেও গ্যাস আয়নিত ডিটেকটার প্রযুক্তির ব্যবহার করা হয়।এখানে তথ্য আহরণের মূল ইলেকট্রনিক যন্ত্রাংশ ‘মানস’ (MANAS) সম্পুর্ণ দেশীয় প্রযুক্তিতে তৈরী এবং সুষ্ঠুভাবে ব্যবহার করা হয়।এই মাইক্রোচিপ ‘মানস’ SINP বিজ্ঞানীদের নক্সায় চন্ডিগড়ের সেমিকন্ডাকটার কমপ্লেক্সে তৈরী।এই মাইক্রোচিপ একসঙ্গে কুড়িটি আয়ণ কোষের নগন্য আধান, কয়েক ফাম্পটো কুলম্ব সংগ্রহ করতে পারে।

ষষ্ঠ অধ্যায়

কম্প্যুটার প্রযুক্তি

কম্প্যুটার বা যন্ত্র গণক আধুনিক যুগে একটি অপরিহার্য্য বস্তু রূপে দেখা দিয়েছে।যাহা সমাজ জীবনকে ব্যাপকভাবে প্রভাবিত করেছে।আবার পূর্বে বর্নিত কেন্দ্রক বিজ্ঞান এবং ব্রহ্মান্ডের রহস্য ভেদের জন্য গবেষণা কাজে অপরিহার্য্য হয়েছে। কম্প্যুটার প্রযুক্তির উন্নতির ফলে পূর্বোক্ত গবেষণাগারের কাজ দ্রুত সফলতার পথে এগিয়েছে।আবার উপরোক্ত গবেষণার জন্য নুতন চ্যালেঞ্জ রূপে কম্প্যুটার প্রযুক্তির সার্বিক উন্নতির প্রয়োজন হল।সেজন্য এই অধ্যায়ে সংক্ষেপে কম্প্যুটার সম্বন্ধে বলা হচ্ছে।

কম্প্যুটার সম্বন্ধে কিছু বলার সময় দুটি বিষয়, যথা যন্ত্রাবলি বা ‘হার্ডওয়ার’ (hardware) অংশ এবং আরেকটি ‘সফটওয়ার’ (software) অংশ বলা প্রয়োজন।একটি কম্প্যুটরের সঠিক চালনা ‘হার্ডওয়ার’ এবং ‘সফটওয়ার’ এর সম্মিলিত প্রভাব এবং মেলবন্ধনের উপর নির্ভর করে।হার্ডওয়ারের বিভিন্ন অংশ বাস্তবে চোখে দেখা যন্ত্র এবং সহায়ক যন্ত্র ব্যবস্থার সমষ্টি হয়।

আবার সফটওয়ারের বিভিন্ন অংশ, নির্দেশাবলী রূপে যাহা কম্প্যুটারের মেমোরী বা স্মৃতিতে সংরক্ষিত থাকে।যাহা বাস্তবে চোখে দেখা যায় না।সহজ উদাহরণ রূপে বলা যায় মানুষের পূর্ণ সত্ত্বায় দেহ এবং মন এই দুইটি বিষয়ের সঙ্গে তুলনা করা যায়।যেখানে মানুষের দেহের সঙ্গে কম্প্যুটারের ‘হার্ডওয়ার’ এবং মনের সঙ্গে সফটওয়ারের কিছুটা তুলনা যোগ্য বলা যায়।

আধুনিক কম্প্যুটার ব্যবস্থা 1945 সালে হাঙ্গরীর গণিতবিদ ভন নিউম্যানের গবেষণা পত্রের উপর ভিত্তি করে তৈরী।সেই অনুযায়ী একটি ইলেকট্রনিক ডিজিটাল কম্প্যুটারে একাধিক উপবিভাগ রূপে থাকে।এগুলি হলো প্রসেসিং ইউনিট (processing unit), এ্যারিথমেটিক লজিক ইউনিট (arithmetic logic unit), কন্ট্রোল ইউনিট, মেমোরী ইউনিট (memory unit) এবং বহিরাংশ ব্যবস্থা।এই উপবিভাগ গুলির সঙ্গে রেজিস্টার (register) এবং কাউন্টার (counter) ব্যবস্থা যুক্ত থাকে।

কম্প্যুটর হার্ডওয়ার: কম্প্যুটার ব্যবস্থায় মূল যন্ত্রাংশ গুলির মধ্যে মনিটার, মাদারবোর্ড, সেন্ট্রাল প্রসেসিং ইউনিট (CPU), র‍্যাম (RAM), পাওয়ার সাপ্লাই, অপ্টিকাল ডিস্ক ড্রাইভ বা CD ড্রাইভ, হার্ড ডিস্ক ড্রাইভ, কীবোর্ড (keyboard), মাউস (mouse) ইত্যাদি থাকে।কম্প্যুটার মনিটারের মূল উদ্দেশ্য কম্প্যুটারের মধ্যে বিভিন্ন কাজ চোখে মনিটারের পর্দায় দেখা যায়।

কম্প্যুটার মাদারবোর্ড যাহা একটি আয়তাকার সার্কিট বোর্ড এবং যাহা কম্প্যুটারের বিভিন্ন যন্ত্রাংশের সঙ্গে যুক্ত থাকে।এরমধ্যে CPU, RAM, বিভিন্ন ধরনের ডিস্ক ড্রাইভ এবং বিভিন্ন সহায়ক ব্যবস্থা সমুহ যোগাযোগ রক্ষাকারী বিভিন্ন পোর্টের (port) মাধ্যমে যুক্ত থাকে।

সেন্ট্রাল প্রসেসিং ইউনিট (CPU) মূলত কম্প্যুটারের যাবতীয় গণনা কাজ দ্রুততার সঙ্গে সম্পন্ন করে।এই দ্রুততা কম্প্যুটারের ক্লক ফ্রিকোয়েন্সির উপর নির্ভরশীল, যাহা বর্তমানে কয়েক গিগাহার্জ (1 GHZ = 10^9 HZ) পর্য্যন্ত হয়।সেন্ট্রাল প্রসেসিং ইউনিট আরেক অর্থে কম্প্যুটরের মগজও বলা হয়।এছাড়া CPU সহ কম্প্যুটারের বিভিন্ন অংশে বিদ্যুৎ ব্যবস্থার জন্য ডিসি (DC) পাওয়ার সাপ্লাই ব্যবহার হয়।

কম্প্যুটারের বিভিন্ন ইনপুট আউটপুট সহায়ক ব্যবস্থা সমুহের মধ্যে কীবোর্ড, মাউস, বহিরাগত পেন ড্রাইভ, প্রিন্টার, স্ক্যানার, ওয়েভক্যাম, মাইক্রোফোন, সাউন্ড বক্স, জয়েস্টিকস (joysticks) ইত্যাদি থাকে।সমস্ত কম্প্যুটারের ভেতর গণণার কাজ ‘0’ এবং ‘1’ এর মাধ্যমে অর্থাৎ হার্ডওয়ারে বিদ্যুৎ কারেন্ট ‘অন’ বা ‘অফ’ এবং বিভিন্ন ‘ডিজিটাল লজিকের’ মাধ্যমে সম্পন্ন হয়।

কম্প্যুটারের স্মৃতি বা মেমোরী ইউনিট (memory unit) কে বিভিন্ন ভাবে ভাগ করা হয়।এইগুলি হলো রিড ওনলি মেমোরী (ROM), ক্যাসে মেমোরী (Cache memory), র‍্যাম (RAM), গ্রাফিক্স মেমোরী, ডিস্ক ড্রাইভ বা পেন ড্রাইভ ব্যবস্থা।বর্তমানের কম্প্যুটারে রিড ওনলি মেমোরী একটু পরিবর্তিত আকারে ইরেসেবল এন্ড প্রোগ্রামেবল রিড ওনলি মেমোরী (EPROM) ব্যবহার হয়।এই মেমোরী ব্যবস্থায় কম্প্যুটারের পাওয়ার অন করার পর কম্প্যুটার চালু বা বুটিং (booting) এর জন্য প্রয়োজনীয় তথ্য সংরক্ষিত থাকে।

ক্যাসে মেমোরী CPU এর অংশ রূপে থাকে যাহা র‍্যাম থেকে প্রাপ্ত তথ্য সরাসরি CPU এর কাজের সময় অতি দ্রুততার সঙ্গে তথ্য সরবরাহ করে। ক্যাসে মেমোরী স্থির (static) প্রকৃতির হয়।আবার র‍্যাম (RAM) মেমোরী মাদার বোর্ডে থাকে। যাহা প্রয়োজনীয় প্রোগ্রাম এবং তথ্য অপেক্ষাকৃত ধীরগতির হার্ড ডিস্ক বা অন্য ধরনের ডিস্ক থেকে র‍্যামে সংগ্রহ করে।র‍্যামের মেমোরী গতিময় (dynamic) প্রকৃতির হয়।এরফলে কম্প্যুটারের কাজ দ্রুত হয়।

কম্প্যুটারের কাজে ছবি বা গ্রাফিক্সের জন্য আলাদা গ্রাফিক্স মেমোরী ব্যবস্থা বর্তমান উন্নত কম্প্যুটার গুলিতে করা হয়।কম্প্যুটারের অতিরিক্ত এবং স্থানান্তর যোগ্য মেমোরী ব্যবস্থা রূপে পেন ড্রাইভ, অপ্টিকাল ডিস্ক (CD, DVD), পোর্টেবল হার্ড ডিস্ক ইত্যাদি ব্যবহার হয়।

কম্প্যুটারের আকার, কার্য্যক্ষমতা এবং ব্যবহার ক্ষেত্র বিশেষে বিভিন্ন ধরনের নামে পরিচিত। পারসোনাল কম্প্যুটার বা PC (personal computer) বা ডেস্কটপ কম্প্যুটার বিভিন্ন অফিস, বাড়ি ইত্যাদিতে টেবিলে রেখে ব্যবহার হয়।আবার হাল্কা, বহনযোগ্য এবং কম বিদ্যুৎ ব্যবহার করার উদ্দেশ্যে ল্যাপটপ (laptop) কম্প্যুটার ব্যবহার জনপ্রিয় হচ্ছে।

ল্যাপটপের থেকেও ছোটো আকারে পামটপ (palmtop) কম্প্যুটার বা অত্যাধুনিক মোবাইলেও সীমাবদ্ধ কাজের জন্য ব্যবহার চালু হয়েছে।

কম্প্যুটারের আকার, কার্য্যক্ষমতা বৃদ্ধি করে মেনফ্রেম কম্প্যুটার এবং সুপার কম্প্যুটার রূপে সীমিত ব্যবহার হয়।মেনফ্রেম কম্প্যুটার সাধারণত বড় প্রতিষ্ঠানের অনেক গুলি জটিল গণনার কাজে ব্যবহার হয়।আবার সুপার কম্প্যুটার সীমিত সংখ্যায়, বৃহৎ পরিমান তথ্য অতি দ্রুততার সঙ্গে সম্পন্ন করে।যেমন বিশ্বের সর্ববৃহৎ সুপার কম্প্যুটারে প্রতি সেকেন্ডে এক পেটাফ্লপ (1 petaflop = 10^{15} petaflop) থেকে বেশী কাজের অপারেশন সম্পন্ন করে।

কম্প্যুটর সফটওয়ার: সফটওয়ার অংশ কম্প্যুটার হার্ডওয়ার বা বিভিন্ন যন্ত্রাংশ কে চালানোর মধ্য দিয়ে সমস্ত কাজ শেষ করে।সফটওয়ারের বিভিন্ন নির্দেশাবলী কম্প্যুটারের বিভিন্ন ধরনের মেমোরী বা স্মৃতিতে সংরক্ষিত থাকে এবং বাস্তবে চোখে দেখা যায় না।কিন্তু কাজের মাধ্যমে এর গুরুত্ব বোঝা যায়।কম্প্যুটার চালনার জন্য যে সমস্ত সফটওয়ার প্রয়োজন তাহাকে বিভিন্ন ভাবে ভাগ করা হয়।কম্প্যুটারের পাওয়ার অন করার পর কম্প্যুটার চালু বা বুটিং (booting) এর জন্য প্রয়োজনীয় ছোটো প্রোগ্রাম আকারে EPROM এ সঞ্চিত থাকে।

এরপর মূল কম্প্যুটারের 'অপারেটিং সিস্টেম' (Operating System - OS) সফটওয়ার চালু হয়।যাহা কম্প্যুটারের যন্ত্রাংশের বিভিন্ন ব্যবস্থা কে চালনা, কম্প্যুটারের 'সিস্টেম সফটওয়ার', বিভিন্ন যন্ত্রিক ব্যবস্থা চালনার জন্য ড্রাইভার সফটওয়ার, নির্দিষ্ট কাজের জন্য প্রয়োজনীয় 'অ্যাপ্লিকেশন সফটওয়ার' ইত্যাদির মধ্যে মধ্যস্থাকারী রূপে কাজ করে।

'অপারেটিং সিস্টেম' সফটওয়ার বিভিন্ন ধরনের হয়।যেমন উইনডোস, উইনিক্স ভিত্তিক ম্যাক (mac), লিনাক্স (Linux) ইত্যাদি।আবার এই সফটওয়ারের উপর ভিত্তি করে কম্প্যুটারে একসঙ্গে এক বা একাধিক ব্যবহার কারী (multiple user) হতে পারে।

অনেক ক্ষেত্রে একাধিক কম্প্যুটার সংযুক্ত হয়ে একটি বড় কম্প্যুটারের ন্যায় কাজ করে।এই ব্যবস্থা একটি 'অপারেটিং সিস্টেম' সফটওয়ার দ্বারা চালু থাকে।

এরফলে একটি কম্প্যটারের থেকে অন্য আরেকটি কম্প্যুটারের মধ্যে তথ্য আদান প্রদান করা সম্ভব হয়।এই ধরনের কম্প্যুটার ব্যবস্থা নেটওয়ার্ক বা বিশেষ ধরনের টেলিযোগাযোগ দ্বারা সম্পন্ন হয়।যাহা তথ্য প্রযুক্তির একটি বিশেষ আলোচ্য বিষয়, যাহা পরের অধ্যায়ে আলোচনা করা হয়েছে।

কম্প্যুটার একসঙ্গে এক বা একাধিক কাজ (multi tasking job) করতে পারে।অর্থাৎ একাধিক কাজের প্রোগ্রাম একসঙ্গে চালানো যায়।কম্প্যুটারের সফটওয়ার গুলি কম্প্যুটার হার্ডওয়ার কাজের সুবিধার জন্য যন্ত্রের ভাষায় (Machine Language) লেখা থাকে।কিন্তু কম্প্যুটারের সফটওয়ার কাজের সুবিধার জন্য উচ্চ স্তরের কম্প্যুটার ভাষা (high level computer language) তে প্রোগ্রাম লেখা হয়।

এই প্রোগ্রাম পরে কম্পাইলারের (compiler) সাহায্যে যন্ত্রের ভাষায় পরিবর্তিত করা হয়।উচ্চ স্তরের কম্প্যুটার ভাষা সমুহ মানুষের ব্যবহার করা ভাষার কাছাকাছি, ফলে প্রোগ্রাম লিখতে সহজ হয়।এই উচ্চ স্তরের কম্প্যুটার ভাষার মধ্যে কতক গুলি যেমন ভিসুয়াল বেসিক, ফরট্রান, C, C^{++} ছাড়াও আরও অনেক কম্প্যুটার ভাষা বর্তমানে চালু আছে।

কম্প্যুটারের কাজ অনেক সময় তথ্য সরবরাহ এবং নির্দেশের কিছুক্ষণ পর ফল আউটপুট রূপে পাওয়া যায়।কিন্তু অনেক ক্ষেত্রে তথ্য সূত্র কম্প্যুটারে প্রবেশ করা মাত্র আউটপুট রূপে পাওয়া দরকার হয়।

যেমন বিমান চালনার সময় পরিবর্তনশীল বায়ু প্রবাহ, উচ্চতা, স্থানাঙ্ক ইত্যাদি তথ্য বিভিন্ন সংবেদক দ্বারা কম্প্যুটারে প্রবেশ করা মাত্র তাৎক্ষণিক যান্ত্রিক ব্যবস্থা দ্বারা নিয়ন্ত্রিত হয়।কম্প্যুটারের এই ধরনের কাজের ধারাকে বাস্তব সময়ে (real time) কাজ করা বলে।এই ব্যবস্থা 'অপারেটিং সিস্টেম' সফটওয়ারের বৈশিষ্টতা এবং বিভিন্ন সংবেদক হার্ডওয়ারের মেলবন্ধনের দ্বারা সম্পন্ন করা হয়।

কম্প্যুটর এবং মৌলিক বিজ্ঞানের গবেষণা: পূর্বে বর্ণিত লার্জ হ্যাড্রন কলাইডার এবং বিভিন্ন জটিল পরীক্ষা সম্পন্ন করার জন্য কম্প্যুটারের বিশাল ভূমিকা আছে।সেক্ষেত্রে বিশাল পরিমান তথ্য দিয়ে বাস্তব সময়ে কাজ করা, তথ্য আহরণ, সংরক্ষণ, বিশ্লেষণ ইত্যাদির দরকার হয়।একটি সাধারণ উদাহরণ রূপে বলা যায় যে আমাদের দেশের ব্যাঙ্ক এবং শেয়ার বাজারে একদিনে বিশাল পরিমান তথ্য কম্প্যুটার মারফত আদান প্রদান হয়।

কিন্তু লার্জ হ্যাড্রন কলাইডার এবং বিভিন্ন পরীক্ষা সম্পন্ন হওয়ার সময়ের তথ্য পূর্বে উল্লেখিত তথ্যের থেকে বেশী এবং অতি অল্প সময়ে ঘটে।এই সময়ের পরিমান এক সেকেন্ডের দশ লক্ষ ভাগের এক ভাগ হতে পারে।ফলে তথ্যের বিশালতা এবং তথ্য ঘনত্ব (তথ্য/সময়) অকল্পনীয় হয়।যাহা কম্প্যুটার প্রযুক্তির কাছে বিশাল চ্যালেঞ্জ রূপে দেখা দিয়েছিল।

এই জন্য সমস্ত কম্প্যুটার ব্যবস্থার মূল তিনটি বিষয় যথা হার্ডওয়ার, সফট ওয়্যার এবং একাধিক কম্প্যুটারের মধ্যে তথ্য বিনিময়ের জন্য নেটওয়ার্ক বিষয়ে উন্নতি সাধন খুব জরুরী হয়ে পড়ল। এখানে হার্ডওয়ার এবং সফট ওয়্যার প্রসঙ্গে বলা হচ্ছে।নেটওয়ার্ক বিষয়ে পরের অধ্যায়ে বলা হবে।

কম্প্যুটারের হার্ডওয়ার দ্বারা কাজ দ্রুত সম্পন্ন করার জন্য ক্লক স্পীড বাড়ানো হয়।কিন্তু প্রযুক্তিগত সমস্যার জন্য ক্লক স্পীড কয়েক গীগা হার্জ এর বেশী করা সম্ভব নয়।এছাড়া ছাড়া সেন্ট্রাল প্রসেসারের উন্নতি সাধন করা হলো। পূর্বের প্রসেসারের বদলে মাল্টি কোর প্রসেসার ব্যবস্থা চালু হলো।এই মাল্টি কোর প্রসেসারে একই চিপে একাধিক প্রসেসার সমান্তরাল ভাবে কাজ করে।

বর্তমানে চার অথবা আট প্রসেচার যুক্ত মাল্টি কোর প্রসেসার চিপের কম্প্যুটার ব্যবহার শুরু হয়েছে।যদিও সর্বশেষ খবর অনুযায়ী কিছু কম্প্যুটার প্রযুক্তিবিদ দের দাবী, যে আটচল্লিশ কোর বিশিষ্ট মাল্টি কোর প্রসেসার গবেষণাগারে তৈরী হয়েছে।এখন মাল্টি কোর প্রসেসার যুক্ত কম্প্যুটারের ফলে গণণা কাজ দ্রুত করা সম্ভব হচ্ছে।

উপরোক্ত মৌলিক গবেষণার পরীক্ষা সমুহে কেন্দ্রক বিক্রিয়ার ফলে ডিটেকটার সমুহে তথ্য সংগ্রহের জন্য বিভিন্ন অতিদ্রুত মেলবন্ধনকারী যন্ত্রাংশ ব্যবহার করা হয়।এগুলি হলো অতিদ্রুততা সম্পন্ন এ্যানালোগ টু ডিজিটাল কনভার্টার, ডিজিটাল টু এ্যানালোগ কনভার্টার, কাউন্টার ইত্যাদি।

কম্প্যুটারের সফটওয়ার দ্বারা বিশাল পরিমান তথ্য বিশ্লেষণের দরকার হয় খুব কম সময়ের মধ্যে।সেজন্য প্রোগ্রামিং এবং অপারেটিং সিস্টেমে আমূল পরিবর্তন দরকার হোলো।আবার বিভিন্ন ক্ষেত্রে পরীক্ষা মাধ্যমে পাওয়া তথ্য বিশ্লেষণের পূর্বে বিভিন্ন সিমুলেশন, ইমুলেশন প্রোগ্রামিং চালনার দরকার হয়।তার ফলে নুতন ধরনের প্রোগ্রাম রচনার দরকার হয়।

বিশাল পরিমান তথ্য বিশ্লেষণের পর বিঁরল ঘটনা খুঁজে বের করার দরকার হয়।সেজন্য প্রোগ্রামে বিশেষ ধরনের সফটওয়ার ছাঁকনি বা ফিল্টার ব্যবহারের দরকার হয়।এর জন্য অনেক সময় গতানুগতিক ডিজিটাল লজিক ছাড়াও, অস্পষ্ট যুক্তি বা ফাজি লজিক (fuzzy logic), স্নায়ুজাল বা নিউরাল নেটওয়ার্ক (neural network) ইত্যাদির ব্যবহার করা হয়।

এছাড়া উপযুক্ত সফটওয়ারের দ্বারা একটি কম্প্যুটারের থেকে অন্য আরেকটি কম্প্যটারের মধ্যে দ্রুত তথ্য আদান প্রদান এবং নিয়ন্ত্রন করার দরকার হয়।কম্প্যটারের সমুহের তথ্যের সুরক্ষা ব্যবস্থা আরেকটি জরুরী বিষয়।

কম্প্যুটর ভবিষ্যৎ ভাবনা: কম্প্যুটারের হার্ডওয়ার দ্বারা কাজ দ্রুত সম্পন্ন করার জন্য ক্লক স্পীড বাড়ানোর সীমাবদ্ধতা আছে।এরফলে মাল্টি কোর প্রসেসার ব্যবস্থা চালু হলো।মাল্টি কোর প্রসেসারে কম্প্যুটারের কাজ সমান্তরাল ভাবে করা হয়।অনেক সময় একটি শ্রেণীবদ্ধ কাজকে সমান্তরাল ভাবে করা কঠিন হয়।

সহজ উদাহরণ বাজার করা, রান্না করা এবং খাওয়া তিনটি কাজ।এগুলি সমান্তরাল ভাবে সম্পন্ন করা কঠিন। কম্প্যুটারের কাজ আরও দ্রুত সম্পন্ন করার জন্য নুতন চিন্তা এবং প্রযুক্তির দরকার হয়ে পড়েছে।

কম্প্যুটার প্রযুক্তি

কম্প্যুটার প্রযুক্তিবিদ এবং বিজ্ঞানীদের ভাবনায় দুটি বিষয়ে আবদ্ধ।প্রথমত কোয়ান্টাম তত্ত্ব কে ব্যবহার করে কোয়ান্টাম কম্প্যুটারের (quantum computer) ব্যবস্থা করার কথা ভাবা হয়েছে।দ্বিতীয়ত বর্তমান কম্প্যুটার ইলেকট্রনিক্স প্রযুক্তির উপর নির্ভরশীল।যেখানে যন্ত্রাংশগুলি তে ইলেকট্রনের গতিপথের কম্পাঙ্ক বা ক্লক ফ্রিকোয়েন্সি মূল ভূমিকা নেয়।সেজন্য বিকল্প রূপে ফোটোনিক্স বিদ্যার সাহায্যে আলোর গতিপথের কম্পাঙ্ক বা ক্লক ফ্রিকোয়েন্সি অনেক গুণ বেশী করা সম্ভব হবে।এর ফলে অপ্টিকাল কম্প্যুটারের (optical computer) কথা ভাবা হচ্ছে।এ দুটি বিষয়ে আশা ব্যঞ্জক প্রচুর উন্নত গবেষণা বিভিন্ন গবেষণাগারে চলছে।

ব্রহ্মান্ড সৃষ্টি রহস্য ও বিশ্বরূপ দর্শণ প্রয়াস

সপ্তম অধ্যায়

তথ্য প্রযুক্তি এবং আধুনিক বিশ্বরূপ দর্শন

কম্প্যুটার প্রযুক্তির বিষয়ে পূর্ব বলা হয়েছে।কিন্তু বিভিন্ন কম্প্যুটার সমুহে কাজ করার সময় তথ্য বিনিময় বা আদান প্রদান জরুরী হয়ে পড়ে।সেজন্য তথ্য প্রযুক্তি, কম্প্যুটার প্রযুক্তির সাথে সাথে গড়ে উঠেছে।তথ্য প্রযুক্তি এবং কম্প্যুটার প্রযুক্তি উভয়েই পরস্পর সম্পর্ক যুক্ত।বিভিন্ন কম্প্যুটার সমুহে তথ্য বিনিময় জন্য বিশেষ ধরনের কম্প্যুটার ব্যবস্থা যাহা কম্প্যুটার নেটওয়ার্ক এবং বিশেষ ধরণের টেলিযোগাযোগ দ্বারা সম্পন্ন হয়।

এর ফল স্বরূপ তথ্য প্রযুক্তির প্রভূত উন্নতির ফলে ইন্টারনেট, 'বিশ্ব ব্যাপী জাল' যাহা (World Wide Web) সংক্ষেপে WWW, গ্রীড কম্প্যুটিং ইত্যাদির উদ্ভব হয়েছে।যাহা মৌলিক গবেষণার জন্য অতি প্রয়োজনীয় ছিল।এক্ষেত্রে বিভিন্ন সংস্থা ছাড়াও সার্ন (CERN) গবেষণা কেন্দ্রের ভূমিকা গুরুত্বপূর্ণ।

আমরা পূর্বে দেখেছি যে বৃহৎ গবেষণাগারের বিভিন্ন বৃহৎ পরীক্ষা ব্যবস্থায় বিশাল সংখ্যায় সহযোগীরা অংশ গ্রহণ করে।বিভিন্ন পরীক্ষায় যেমন সিএমএস 3800 জন 42 টি দেশের, এ্যাটলাস 3000 জন, 38 টি দেশের এবং এ্যালিস 1300 জন 36 টি দেশের বিভিন্ন সংস্থা থেকে।এরফলে বিভিন্ন পর্য্যায়ে বিভিন্ন পর্য্যবেক্ষণ আন্তর্জাতিক গবেষণা পত্রের রূপ নেওয়ার সময় বিভিন্ন গবেষণা গোষ্ঠির সহযোগী সদস্যদের মধ্যে গবেষণা পত্রের যাবতীয় বিষয়ে আলোচনা এবং সংশোধন দরকার হয়।

সেক্ষেত্রে পূর্বে সবচেয়ে বড় সমস্যা হয়ে দাঁড়াতো যে মূল প্রাথমিক বয়ানের নকল বিশ্বের বিভিন্ন প্রান্তে বিভিন্ন গবেষণা গোষ্ঠির সহযোগী সদস্যদের মধ্যে ডাঁক যোগে পাঠানো হতো।তারপর বিভিন্ন পর্য্যায়ে অনেক দিন পরে ফিরতি ডাক যোগে সংশোধিত বয়ানের নকল গুলি ফেরত আসতো।

যাহা থেকে পরে আসল প্রকৃত গবেষণা পত্রের আকার ধারণ করতো। প্রকৃত পক্ষে যাহা অনেক ধীর এবং কার্য্যকরী পদ্ধতি ছিল না।এরফলে একটি গবেষণা পত্রের প্রকাশ কয়েক বছরও লেগে যেতো।

এই সমস্যার সমাধানের জন্য গবেষণা গোষ্ঠির সহযোগী সদস্যদের মধ্যে প্রচেষ্টা দেখা গেলো। বিশেষ করে কম্প্যুটার এবং তথ্য প্রযুক্তিবিদ দের কাছে এটা বড় চ্যালেঞ্জ রূপে দেখা দিয়েছিলো।কম্প্যুটার প্রযুক্তিবিদ এবং বিজ্ঞানীদের ভাবনা মূল তিনটি বিষয়ে আবদ্ধ ছিল।প্রথমত কম্প্যুটার সমুহের মধ্যে তথ্য বিনিময়ের জন্য উপযুক্ত নেটওয়ার্ক ব্যবস্থা করা।

দ্বিতীয়ত কোনো একটি কম্প্যুটার রক্ষিত তথ্য বা গবেষণা পত্রের বয়ান অন্য সকলে নিজস্ব কম্প্যুটার ব্যবস্থার মারফত দেখতে পারে।এই সমস্যার সমাধান রূপেই পরবর্তী কালে বিশ্ব ব্যাপী জাল বা WWW এর উৎপত্তি হয়।

তৃতীয়ত মূল গবেষণাগারে বিভিন্ন পরীক্ষায় বিশাল পরিমান তথ্য উৎপন্ন হয়।এই তথ্য সমুহ দূরে অবস্থিত বিজ্ঞানীরা বিশ্লেষণ কাজে ব্যবহার করেন।সেজন্য তাহাদের নিজস্ব স্থানীয় কম্প্যুটার ব্যবস্থায় বিশাল পরিমান তথ্য স্থানান্তর করা দরকার হয়।যাহা অনেক ক্ষেত্রে ধীর এবং কার্য্যকরী হয় না।সেজন্য নুতন ভাবনা রূপে গ্রীড কম্প্যুটিং ব্যবস্থা গড়ে তোলা দরকার হলো।

কম্প্যুটার নেটওয়ার্ক ব্যবস্থা: একটি কম্প্যুটারের থেকে অন্য আরেকটি কম্প্যটারের মধ্যে দ্রুত তথ্য আদান প্রদান এবং নিয়ন্ত্রন করার দরকার হয়। আবার অনেক ক্ষেত্রে একাধিক কম্প্যুটার যুক্ত করে তথ্য বিনিময় করা হয়।এই ধরনের ব্যবস্থা নেটওয়ার্ক নামে পরিচিত এবং বিশেষ ধরনের টেলিযোগাযোগ দ্বারা সম্পন্ন হয়।কম্প্যুটার নেটওয়ার্ক ব্যবস্থার জন্য টেলিযোগাযোগ কোয়েক্সিয়াল (coaxial cable) তারের সংযোগে, বেতার ব্যবস্থা রূপে ওয়াই-ফাই (Wi-Fi), অপ্টিকাল ফাইবার ব্যবস্থা এবং কৃত্রিম উপগ্রহ যোগাযোগ উল্লেখ যোগ্য।

কম্প্যুটার নেটওয়ার্ক ব্যবস্থায় দুটি কম্প্যুটারের মধ্যে সরাসরি যোগাযোগ দুটি নোডের (node) মাধ্যমে হয়।নোড হলো একটি কম্প্যুটার সংলগ্ন কাল্পনিক বিন্দু যেখানে তথ্যের উৎপত্তি, গমন বা চলাচল এবং সমাপ্তি ঘটে।যাহা বাস্তবে ইলেকট্রনিক যন্ত্রাংশ মোডেম (modem), রাউটার (router) এবং টারমিনেটার (terminator) রূপে ব্যবহার হয়।

কম্প্যুটার নেটওয়ার্ক ব্যবস্থায় পারসোনাল কম্প্যুটার, ফোন ব্যবস্থা, তথ্যের জন্য ব্যবহার যোগ্য সার্ভার, নেটওয়ার্ক যুক্ত কম্প্যুটার চালিত হার্ডওয়ার ইত্যাদি।কম্প্যুটার নেটওয়ার্ক ব্যবস্থার সাহায্যে 'বিশ্ব ব্যাপী জাল' বা WWW, তথ্য সংরক্ষিতকারী সার্ভার, প্রিন্টার, ফ্যাক্স, তৎক্ষণাৎ খবর পাঠানোর জন্য ইমেল ইত্যাদির সঙ্গে যোগাযোগ সম্ভব।বর্তমান কম্প্যুটার নেটওয়ার্ক ব্যবস্থায় ইন্টারনেট চালু হয়েছে এবং আরও পরে 'বিশ্ব ব্যাপী জাল' বা WWW চালু হয়।কম্প্যুটার নেটওয়ার্কের বাস্তবিক সংকেত আদান প্রদান, তথ্য বিনিময় বিধি নিয়ম, সাংগঠনিক নেটওয়ার্ক, তথ্য পরিমান, নেটওয়ার্ক ব্যবহার পরিধি উল্লেখ যোগ্য বিষয় বলে মনে হয়।

আধুনিক কম্প্যুটারের জন্মলগ্নের পর প্রথম কম্প্যুটার নেটওয়ার্ক চালু করার প্রচেষ্টা শুরু হয়। আমেরিকায় 1950 সালের শেষদিকে সামরিক বাহিনীর রেডার ব্যবস্থার জন্য ব্যবহার করার জন্য যোগাযোগ কারী নেটওয়ার্ক SAGE এর উদ্ভব হয়।এরপর বিভিন্ন ধাপের পর 1964 সালে আমেরিকার ম্যাসাচুসেট ইন্সটিটিউট এবং অন্য সহযোগী প্রতিষ্ঠানের চেষ্টায় 'টাইম শেয়ারিং সিস্টেম' (time sharing system) নেটওয়ার্ক ব্যবস্থা চালু হয়।ফলে বিশাল কম্প্যুটার ব্যবস্থায় বিভিন্ন বিচ্ছিন্ন কম্প্যুটার গুলির মধ্যে যোগাযোগ করা সম্ভব হলো।

1969 সালে ক্যালিফোর্নিয়া বিশ্ববিদ্যালয়, স্ট্যানফোর্ড রিসার্চ ইনস্টিটিউট এবং অন্য সহযোগীদের দ্বারা 'অর্পানেট' ARPANET নামে নেটওয়ার্কের সূচনা হয়।যাহাতে তথ্য 50 কিলোবাইট প্রতি সেকেন্ডে স্থানান্তর করা সম্ভব ছিল।

এরপর 1972 সালে বানিজ্যিক ব্যবস্থায় নেটওয়ার্কের কাঠামোর বিস্তার ঘটিয়ে TCP/IP নেটওয়ার্ক ব্যবস্থা চালু হয়।

1995 সালে আমেরিকার 'ন্যাশানাল সাইন্স ফাউন্ডেশন' (NSF) উদ্যোগে নেওয়া হয়।এছাড়া ঐ সময় 'ইথারনেট' (Ethernet) নেটওয়ার্ক ব্যবস্থার উন্নতি ঘটে।যদিও 'ইথারনেট' (Ethernet) নেটওয়ার্ক ব্যবস্থার সূত্রপাত 1980 সালের পর, যাহা IEEE দ্বারা মানকিত (standardized) করা হয়।এখানে তথ্য আদান প্রদানের গতি 10 মেগাবাইট থেকে 100 মেগাবাইট প্রতি সেকেন্ডে হয়।পরে 1998 সাল নাগাদ 'ইথারনেট' নেটওয়ার্ক ব্যবস্থা অপ্টিকাল ফাইবার প্রযুক্তির সাহায্যে 1 গিগাবাইট প্রতি সেকেন্ডে হয়।যাহা অদূর ভবিষ্যতে ক্ষেত্রবিশেষে 1 টেরা বাইট প্রতি সেকেন্ড পর্য্যন্ত হতে পারে।

সুষ্ঠু নেটওয়ার্ক ব্যবস্থা চালু রাখার জন্য কম্প্যুটারে প্রয়োজনীয় হার্ডওয়ার বা যন্ত্রাংশ দরকার হয়।তাছাড়া নেটওয়ার্ক ব্যবস্থার জন্য প্রয়োজনীয় সফটওয়ার ব্যবহার হয়।তারপর নেটওয়ার্ক ব্যবস্থায় যুক্ত কম্প্যুটার সমুহে তথ্যের সুরক্ষা ব্যবস্থার দরকার হয়।যাহাতে অবাঞ্ছিত ব্যবহারকারী কম্প্যুটার নেটওয়ার্কের মাধ্যমে তথ্য সংগ্রহ, তথ্য বিকৃতি, তথ্য বিলোপ ইত্যাদি না ঘটাতে পারে।

'বিশ্ব ব্যাপী জাল' বা WWW: কোনো একটি কম্প্যুটার রক্ষিত তথ্য অন্য সকলে নিজস্ব কম্প্যুটার ব্যবস্থার মারফত দেখার প্রচেষ্টার কথা ভাবা হয়।এই সমস্যার সমাধান রূপেই পরবর্তী কালে বিশ্ব ব্যাপী জাল বা WWW এর উৎপত্তি হয়।যদিও এই প্রচেষ্টার পূর্বে নেটওয়ার্ক ব্যবস্থার সফল প্রয়োগ শুরু হয়েছিলো।

বিশ্ব ব্যাপী জাল বা WWW এর প্রধান উদ্যোগ সার্ন গবেষণাগারে শুরু এবং পূর্ণাঙ্গ রূপ পায়।এর জন্য মূল কৃতিত্বের অধিকারী টিম বার্নার লি (Tim Berner Lee) এবং বিভিন্ন সহযোগী গন।টিম বার্নার লি একজন ব্রিটিশ কম্প্যুটার বিজ্ঞানী এবং 1980 সালের পর থেকে সার্নে কম্প্যুটার প্রযুক্তি বিষয়ে

ঠিকাদারীর কাজ করতেন।সার্নে বিভিন্ন গবেষণা গোষ্ঠির সমস্যা অনুভব করে তিনি 1989 সালে তথ্য প্রযুক্তি ক্ষেত্রে একটি নুতন যুগান্তকারী প্রস্তাব সার্ন কর্তৃপক্ষের কাছে পেশ করেন।

এই যুগান্তকারী প্রস্তাবের মধ্যেই বিশ্ব ব্যাপী জাল বা 'ওয়েভ' গঠন ব্যবস্থার ভাবনা নিহিত ছিলো।যাহাতে ওয়েভ ব্রাউসিং (web browsing) এর মাধ্যমে বিভিন্ন নেটওয়ার্ক যুক্ত কম্প্যুটার ব্যবস্থা বা সার্ভার থেকে তথ্য অনুসন্ধান করা যায়।এই সময় সার্ন সবচেয়ে বড় ইন্টারনেট নোড হিসাবে ইউরোপে পরিচিত ছিলো।পরে যাহার সুযোগ টিম বার্নার লি ব্যবহার করতে সমর্থ হন।

সার্ভার থেকে তথ্য অনুসন্ধানের জন্য গঠিত 'ওয়েভ সাইট' (web site) য়ে তথ্য সংরক্ষণ করার জন্য বিভিন্ন উপায় ভাবা হয়।তাহার মধ্যে একটি 'হাইপার টেক্সট মার্কাপ ল্যাঙুয়েজ' (hyper text markup language – HTML) সফটওয়ার ব্যবস্থা তৈরী করা হলো।যাহার সাহায্যে সমগ্র তথ্য ব্যবস্থা সংরক্ষিত রাখা হয়।দ্বিতীয় বিষয় সার্ভার এবং তথ্য অনুসন্ধান কারী কম্প্যুটারের মধ্যে তথ্য বিনিময়ের জন্য 'হাইপার টেক্সট ট্রান্সফার প্রোটোকল' (hyper text transfer protocol – HTTP) জাতীয় সফটওয়ার ব্যবস্থা তৈরী করা হলো।যাহা বার্নার লি 1990 সালে রবার্ট ক্যালিও এর সহযোগীতায় আরও উন্নত করেন।যাহা পরে NEXT STEP নামক কম্প্যুটার অপারেটিং সিস্টেমে ENQUIRE নামক প্রোটোটাইপ সফল ভাবে পরীক্ষা করা হয়।

পরে 1991 সালের 6 অগাষ্ট বিশ্বের প্রথম 'ওয়েভ সাইট' অনলাইন হয়।সেই 'ওয়েভ সাইট' এর মূল ঠিকানার ধরন ছিলো (http://info.cern.ch)। যাহার মাধ্যমে বিশ্ববাসী উন্মুক্ত ভাবে জানতে পারে।সেগুলি হলো WWW প্রজেক্ট সম্বন্ধে জানা, হাইপারটেক্সট সম্বন্ধে জানা, নিজস্ব ওয়েভ পেজ (web page) তৈরীর প্রযুক্তি এবং 'ওয়েভ সাইট' তথ্য খোঁজার প্রাথমিক জ্ঞান ইত্যাদি বিষয়ে পূর্ণ।এই যুগান্তকারী খবর জনসমক্ষে আসার পরে বিশ্বের মৌলিক গবেষণাগার গুলির মধ্যে তথ্য যোগাযোগ অনেক উন্নত হয়।

বিভিন্ন ঘটনার পরিস্থিতে 1993 সালের এপ্রিল মাসে সার্ন কর্তৃপক্ষ ঘোষণা করেন যে তাহাদের উদ্ভাবিত বিষয় সর্বসাধাণের জন্য উন্মুক্ত এবং রয়ালটি মুক্ত।যাহা সার্ন গবেষণাগারের মূল নীতি অসামরিক গবেষণা কাজ এবং নিউক্লিয়ার পদার্থ বিজ্ঞানের মত মৌলিক গবেষণার সঙ্গে সঙ্গতিপূর্ণ।

1995 সালের পর থেকে WWW বা 'বিশ্ব ব্যাপী জাল' সাধারণ কম্প্যুটার ব্যবহার কারীদের কাছে জনপ্রিয় এবং প্রয়োজনীয় তথ্য প্রযুক্তি মাধ্যম রূপে দেখা দিলো।তাহার পূর্বে ওয়েভ সাইট খোঁজার, ওয়েভ সাইট তৈরীর সহজ উপায়, তথ্য সংরক্ষণের জন্য সার্ভার ব্যবস্থা গড়ে উঠেছিলো।এই সমস্ত ব্যবস্থা এখন বানিজ্যিক ভাবে আধুনিক সমাজের প্রয়োজনীয় বস্তু রূপে গণ্য হয়।প্রকৃত পক্ষে পূর্বোক্ত ব্যবস্থা আধুনিক কালের বিশ্বরূপ দর্শণের মাধ্যমে পরিণত হলো।

গ্রীড কম্প্যুটিং ব্যবস্থা: কেন্দ্রক বিজ্ঞানের মত মৌলিক গবেষণাগার বিভিন্ন পরীক্ষায় বিশাল পরিমান তথ্য তৈরী হয়।এই তথ্য সমুহ দূরে অবস্থিত বিজ্ঞানীরা পরে বিশ্লেষণ কাজে ব্যবহার করেন।এর ফলে তাহাদের নিজস্ব স্থানীয় কম্প্যুটার ব্যবস্থায় বিশাল পরিমান তথ্য মূল সূত্র থেকে স্থানান্তর করা দরকার হয়।যাহা অনেক ক্ষেত্রে ধীরগতি সম্পন্ন এবং কার্য্যকরী হয় না।সেজন্য নুতন পদ্ধতি রূপে গ্রীড কম্প্যুটিং ব্যবস্থা গড়ে তোলা দরকার হলো।যাহা বিদ্যুৎ সরবরাহ ব্যবস্থার গ্রীডের সঙ্গে অনেকটা তুলনা করা যায়।

এই সমস্ত পরীক্ষা ব্যবস্থায় বিশাল পরিমান তথ্য বিশ্লেষণ করার জন্য কম্প্যুটার এবং তথ্যপ্রযুক্তি বিশেষ ভূমিকা নেয়।যাহার জন্য LHC গ্রীড কম্প্যুটিং ব্যবস্থা গড়ে তোলা হয়েছে।সেক্ষেত্রে উল্লেখ যোগ্য বিভিন্ন ধরনের প্রয়োজনীয় সফটওয়ার রচনা আন্তর্জাতিক সহযোগিতার মাধ্যমে গড়ে তোলা হয়েছে।এক্ষেত্রে ভারতীয়দের ভূমিকাও উল্লেখ যোগ্য।

এই গ্রীড ভিত্তিক কম্প্যুটার ব্যবস্থার দ্বারা তথ্য আহরণ, সংরক্ষণ এবং বিশ্লেষন কাজ সম্পন্ন করা হয়। বিশ্বের প্রায় 36 টি দেশে উচ্চমানের 170 টি

কম্প্যুটার কেন্দ্রের সঙ্গে যুক্ত।LHC তে প্রতিবছর প্রায় 25 পেটাবাইট পরিমান তথ্য তৈরী হবে বলে আশা করা যায়।যাহা প্রায় পঞ্চাশ লক্ষ DVD ভর্তি তথ্যের সমান হয়।

গ্রীড কম্প্যুটার ব্যবস্থায় বিভিন্ন স্থানের তথ্য সম্পদ গুলি একটি বিশেষ কাজের উদ্দেশ্যে ব্যবহার হয়।এই ব্যবস্থা সাধারণ উচ্চ ক্ষমতা সম্পন্ন 'ক্লাস্টার কম্প্যুটার' (cluster computer) এর ন্যায় নয়।বরং বেশী ভৌগোলিক ভাবে এবং অসমসত্ত্ব ভাবে ছড়িয়ে থাকা কম্প্যুটার সমুহের সমষ্টি।গ্রীড কম্প্যুটার ব্যবস্থা বিভক্ত এবং সমান্তরাল, সুপার কম্প্যুটিং ব্যবস্থার সঙ্গে পার্থক্য আছে।

এখানে বিভিন্ন স্থানের তথ্য সম্পদ গুলি যেমন বিজ্ঞানীদের বিশাল তথ্য বিশ্লেষণে সহায়তা করে।ঠিক সেই রূপ CPU এর সময় সদ্বব্যবহার করে কাজের দ্রুততা আনা যায়।কারণ বিভিন্ন স্থানে অবস্থিত CPU যাহা পুরোপুরি ক্ষেত্র বিশেষে গনণা কাজে অংশ গ্রহণ করে।2002 সালে LHC গ্রীড কম্প্যুটার ব্যবস্থা চালু হয়েছে। লার্জ হ্যাড্রন কলাইডারের সঙ্গে প্রায় আন্তর্জাতিক 8000 বিজ্ঞানী যুক্ত।অনেকের ধারণা WWW যেমন তথ্য প্রযুক্তিতে বিপ্লব এনেছে, তার থেকে বেশী প্রভাব গ্রীড কম্প্যুটারের ধারণার মাধ্যমে ভবিষ্যতে বিশ্ববাসী লাভ করতে পারবে।

অষ্টম অধ্যায়

সমস্ত প্রচেষ্টার সমাজে প্রভাব

কেন্দ্রক বিজ্ঞান, উচ্চ শক্তি পদার্থ বিদ্যা (High energy Physics) এবং ব্রহ্মান্ড সৃষ্টির রহস্য ভেদ করার বিশাল প্রয়াস চলছে।তাহা ছাড়া উপরোক্ত উচ্চ স্তরের বৈজ্ঞানিক এবং প্রযুক্তিগত কর্মযজ্ঞের ফলে সমাজে কি ধরনের উপকার হয়েছে সে সম্বন্ধে কিছু এখানে বলা হচ্ছে।

এই বিষয়ে কতক গুলি সাধারণ অতি সরলীকৃত ধারণা আমাদের মধ্যে প্রচলিত আছে।অতিব্যয়সাধ্য বিজ্ঞানের পরীক্ষার দ্বারা সমাজে কি প্রয়োজনীয়তা আছে বা তাহাতে মানুষের কি উপকার হতে পারে।এই জন্য সংক্ষেপে সমাজে মানুষের উপকারে বা ভবিষ্যত প্রভাব সম্বন্ধে এখানে বলা হচ্ছে।

শক্তি উৎপাদন: পরমাণুর কেন্দ্রীন বিয়োজন বিক্রিয়ায় লুপ্ত ভর শক্তিতে রূপান্তরিত হয় বিভিন্ন প্রকার বিকিরণের মাধ্যমে এবং উচ্চ শক্তি উৎপন্ন হয়।যাহার ধ্বংসাত্মক ব্যবহার পরমাণু বোমায় হয়।বর্তমানে কেন্দ্রীন বিয়োজন বিক্রিয়ায় ইউরেনিয়াম 235, প্লুটোনিয়াম 239 এবং ক্ষেত্র বিশেষে থোরিয়াম 232 পরমাণু ভাঙ্গার ফলে পরমাণু বিদ্যুৎ শক্তি পারমাণবিক চুল্লীতে সুনিয়ন্ত্রিত ভাবে পরমাণু বিদ্যুৎ উৎপাদন করা হয়।

আবার সংযোজন কেন্দ্রকীয় বিক্রিয়ার কৃত্রিমভাবে হাইড্রোজেন বোমায় ব্যবহার হয়।কিন্তু বিশ্বব্যাপী সুনিয়ন্ত্রিত ভাবে সংযোজন কেন্দ্রকীয় বিক্রিয়ার মাধ্যমে পরমাণু বিদ্যুৎ শক্তি উৎপাদনে প্রচেষ্টা চলছে।যাহা কার্য্যকরী হলে বিদ্যুৎ উৎপাদন এবং তেজস্ক্রিয়তার সমস্যা সমাধান হবে।

পারমাণবিক বিদ্যুৎ উৎপাদন ব্যবস্থায় তেজস্ক্রিয় বর্জ্য পদার্থ, যাহা পারমাণবিক জ্বালানী তৈরীর সময় এবং বিদ্যুৎ উৎপাদন কেন্দ্রের অবশেষ

হিসাবে পাওয়া যায়।এই তেজস্ক্রিয় বর্জ্য পদার্থ গুলি অতি সতর্কতার সঙ্গে সুরক্ষিত ভাবে রাখা হয়, যাহাতে কোনো তেজস্ক্রিয় বিকিরণ না ছড়ায়।

কিছু মানুষের মধ্যে পারমাণবিক বিদ্যুৎ উৎপাদন সম্বন্ধে বিরূপ ধারণা আছে। যাহার জন্য 2011 সালে সুনামীর জন্য জাপানের ফুকুশিমা দাইচি কেন্দ্রের রিঞ্যাক্টরের দুর্ঘটনা দায়ী।এখানে উল্লেখযোগ্য এই রিঞ্যাক্টার গুলি 1968 সালের আগে তৈরী হয়েছিল। কিন্তু বর্তমান বা ভবিষ্যতের পারমাণবিক বিদ্যুৎ উৎপাদন ব্যবস্থা অনেক বেশী উন্নত এবং সুরক্ষিত।কারণ বর্তমান রিঞ্যাক্টরের নক্সা অনেক বেশী উন্নত, বিশেষত বিভিন্ন প্রাকৃতিক মহাদুর্যোগের সম্ভাবনার কথা আগের তুলনায় বেশী চিন্তা এবং ব্যবস্থা নেওয়া হয়েছে।

সার্নের প্রাক্তন অধিকর্তা এবং নোবেল জয়ী বিজ্ঞানী কার্লোরুবিয়া এর চিন্তা ভাবনার উপর ভিত্তি করে নুতন উন্নত পারমাণবিক বিদ্যুৎ উৎপাদন ব্যবস্থার কথা ভাবা হচ্ছে।এটি হলো এ.ডি.এস.এস (Accelerator Driven Sub critical System - ADSS) নামে অভিহিত।এখানে ত্বরণ যন্ত্রের সাহায্যে উচ্চ শক্তি যুক্ত প্রোটন কণা তৈরী হয় এবং পরে নিউট্রন কণা সৃষ্টি করা হয়।পরে এই নিউট্রন কণায় বেশী অর্ধায়ু যুক্ত ভারী তেজস্ক্রিয় মৌলকে হাল্কা স্বল্প অর্ধায়ু যুক্ত তেজস্ক্রিয় মৌল পদার্থে পরিণত করে এবং শক্তি উৎপাদন করে।এর ফলে তেজস্ক্রিয় বর্জ্য সমস্যা এবং বিদ্যুৎ উৎপাদন উভয়েই উন্নত হতে পারে।

রোগ নির্ণয়: মানুষের শরীরের ভেতর কোথাও ক্যান্সার জাতীয় টিউমার হয়েছে কিনা জানার জন্য বিশেষ পদ্ধতি তে শরীরের অভ্যন্তরের ছবি তোলা হয়।প্রথম ক্ষেত্রে 'স্পেক্ট' SPECT (Single Photon Emission Computerized Tomography) পদ্ধতিতে শরীরে ইঞ্জেকশান করে কিছু ওষুধের সঙ্গে স্বল্পায়ুর খুব অল্প পরিমান বিশেষ তেজস্ক্রিয় পদার্থ শরীরে প্রবেশ করানো হয়।

এই তেজস্ক্রিয় পদার্থ যাহা গামা রশ্মি বিকিরণ কারী হয়।তেজস্ক্রিয় পদার্থের শোষণ প্রভাবিত স্থানে বেশী হয়।ফলে শরীরে প্রবেশ করানোর পর শরীরের

চারদিকে রাখা গামা রশ্মি নিরীক্ষন কারী যন্ত্রের সাহায্যে পরিমাপ এবং কম্প্যুটারে সঠিক কোন স্থান থেকে বিকিরন বেশী মাত্রায় আসছে বোঝা যায়।এর ফলে ক্যান্সার প্রভাবিত অঞ্চলের অবস্থান, আকার, প্রকৃতি জানা যায়।যাহা রোগীর নিরাময়ের ব্যবস্থা নিতে সাহায্য করে।

দ্বিতীয় ক্ষেত্রে 'পেট' বা PET (Positron Emission Tomography) পদ্ধতিতে অন্য ধরনের স্বল্পায়ুর নগন্য পরিমান তেজস্ক্রিয় পদার্থ ব্যবহার হয়। যাহা পজিট্রন কণা নির্গত করে।পূর্বের ন্যায় শরীরের প্রভাবিত স্থান থেকে নির্গত কণা পারিপার্শ্বিক পরমাণুর ইলেকট্রনের সঙ্গে মিলিত হয়ে এক জোঁড়া 511 KeV শক্তির বিপরীত মুখী গামারশ্মি বা জোঁড়া ফোটন কণা তৈরী হয়।

শরীরের চারপাশে রাখা গামা রশ্মি নিরীক্ষন কারী যন্ত্রের সাহায্যে জোঁড়া ফোটন কণা গুলির সন্ধান করা।প্রত্যেক জোড়া ফোটন বিপরীত মুখী রাখা গামা রশ্মি নিরীক্ষন কারী যন্ত্রের সাহায্যে ধরা পড়ে।যাহার তথ্য সমুহ দ্বারা কম্প্যুটারে প্রভাবিত স্থানের বা টিউমারের আকার ত্রৈমাত্রিক ছবি নিখুত ভাবে পাওয়া যায়।যাহা পরে রোগীর চিকিৎসা কাজে আসে।

চিকিৎসা চিত্রায়ণ: চিকিৎসা বিজ্ঞানে উপরোক্ত প্রচলিত পদ্ধতি সমুহ ছাড়া নুতন চিকিৎসা চিত্রায়ণ (Medical Imaging) পদ্ধতি অত্যাধুনিক কেন্দ্রক বা কণা বিদ্যার চর্চায় নিয়োজিত ডিটেকটার প্রযুক্তি দ্বারা সম্ভব হতে পারে।এই প্রকার চিকিৎসা চিত্রায়ন পদ্ধতিতে আরো সুক্ষ্মভাবে, গতিশীল অঙ্গেরও কম পরিমান বিকিরণ ব্যবহার করে করা সম্ভব হবে।যাহা আরও তথ্য সমৃদ্ধ এবং বেশী কার্য্যকরী হবে।

এক্ষেত্রে ডিটেকটার প্রযুক্তি রূপে মাইক্রোপ্যাটার্ন গ্যাস ডিটেকটার, মাল্টিগ্যাপ RPC ডিটেকটার, পিক্সেল (pixel) সিলিকন ডিটেকটার, কিছু ডিটেকটার ফোটোনিক্সের প্রয়োগ বিশেষ ভাবে উল্লেখ যোগ্য।এই বিষয়ে সার্নের গবেষণা গারে কাজ চলছে এবং বর্তমানে ভারতে বিশেষত কলকাতায় VECC

তে কিছু গবেষণা কাজ শুরু হয়েছে।এরফলে বর্তমান চিকিৎসা চিত্রায়নের উন্নতি ছাড়াও নুতন প্রশিক্ষন প্রাপ্ত কর্মী গোষ্ঠিও তৈরী হবে।

চিকিৎসা এবং রোগ নিরাময়: ক্যান্সার রোগীদের টিউমার বা প্রভাবিত অঞ্চলকে বিভিন্ন প্রকার বিকিরণ দ্বারা ক্যান্সার আক্রান্ত কোষগুলিকে ধ্বংস করা হয়।এই বিকিরণ গুলি হল গামা রশ্মি বা উচ্চ শক্তিযুক্ত রঞ্জন রশ্মি, ইলেকট্রন কণা স্রোত, প্রোটন কণা স্রোত, ভারী মৌল কণা স্রোত এবং নিউট্রন কণা স্রোত।

গামা রশ্মি বিকিরণ কোবাল্ট-60 তেজস্ক্রিয় উৎস থেকে পাওয়া সম্ভব।যাহার গামা রশ্মি বিকিরণ 1 MeV থেকে সামান্য বেশী হয়।গামা রশ্মি শরীরে প্রবেশ করার পর ক্যান্সার প্রভাবিত কোষগুলি অপেক্ষাকৃত বেশী ধ্বংস হয়।কিন্তু স্বাভাবিক কোষও কিছু পরিমান ধ্বংস হয়।

কারণ তেজস্ক্রিয় উৎস থেকে নির্গত বিকিরণ ছড়িয়ে শরীরে আপতিত হয়ে পড়ে।যাহা কিছুটা প্রভাবিত অঞ্চলের বাইরেও পড়ে।ফলে সুস্থ স্বাভাবিক কোষেরও বিনাশ ঘটে।তাহা কমানোর জন্য সরু ফুটো যুক্ত মোটা গোলাকার সীসার পাত ব্যবহার করা হয়।

সেই জন্য কোবাল্ট-60 তেজস্ক্রিয় উৎসের বদলে উচ্চ শক্তির ইলেকট্রন কণা স্রোতের সাহায্যে উচ্চ শক্তির রঞ্জন রশ্মি সমান্তরাল ভাবে তৈরী করা হয়।এই রঞ্জন রশ্মি প্রায় 10 MeV হয়।যাহা উপযুক্ত ভাবে রোগীর শরীরের প্রভাবিত অংশে আরও ভাল ভাবে বেশী গভীরতা পর্য্যন্ত প্রয়োগ করা যায়। এখানে উচ্চ শক্তির ইলেকট্রন কণা স্রোত রৈখিক ত্বরন যন্ত্র বা লিনাকের সাহায্যে উৎপন্ন হয়।এখানে উল্লেখিত পদ্ধতি গুলি আমাদের দেশে বহুল ভাবে চিকিৎসা কাজে ব্যবহার হচ্ছে।

উন্নত দেশে প্রোটন কণা স্রোত সাইক্লোট্রন যন্ত্রে তৈরী করে চিকিৎসা কাজে ব্যবহার হয়।প্রোটন কণার শক্তি 200 থেকে 300 MeV পর্য্যন্ত হয়।যদিও কম শক্তি অর্থাৎ 70 MeV এর কাছাকাছি শক্তির প্রোটন দিয়ে চোখ ও চামড়ার

ক্যান্সারের চিকিৎসা সম্ভব।প্রোটন থেরাপি পূর্বের পদ্ধতির তুলনায় ব্যয়সাধ্য এবং জটিল হলেও চিকিৎসা অনেক কার্য্যকরী হয়।

এছাড়া ভারী মৌল কণা স্রোত প্রায় 200 GeV শক্তি যুক্ত উচ্চ শক্তির ত্বরন যন্ত্র দিয়ে সমান্তরাল ভাবে শরীরের গভীরে প্রবেশ করানো সম্ভব।ফলে কিছু বিশেষ ধরনের যেমন মস্তিষ্কের ক্যান্সারের চিকিৎসা করা সম্ভব।অনুরূপ ভাবে তড়িৎ নিরপেক্ষ নিউট্রন কণা স্রোতও ক্যান্সার চিকিৎসা কাজে ব্যবহার হচ্ছে।

খাদ্য শস্য: খাদ্য শস্য সংরক্ষণ এবং বীজাণু মুক্ত করার কাজে কেন্দ্রক বিকিরণ শক্তি আজকাল উপযুক্ত ভাবে ব্যবহার করা হচ্ছে।যেমন আলু, পিঁয়াজের অপ্রয়োজনীয় অঙ্কুরোদগম প্রতিরোধ সম্ভাবনা অল্প গামা রশ্মি ব্যবহার দ্বারা করা হয়।এছাড়া বিভিন্ন ধরনের তেজস্ক্রিয় বিকিরণ কৃষি, জীব বিজ্ঞানের গবেষণার কাজ বিশেষত উন্নত প্রজাতির বীজ উৎপাদনে সাহায্য করে।

নগন্য পদার্থের পরিমান নির্ণয়: খাদ্য দ্রব্য বা কোনো বস্তুতে কোনো মৌল নগন্য পরিমান থাকলে তাহা কেন্দ্রক বিজ্ঞানের সাহায্যে করা সম্ভব।যেমন আর্সেনিক বা পারদ কোনো বস্তুতে দশ কোটি ভাগের এক ভাগ পর্য্যন্ত নির্ণয় করা যায়। এক্ষেত্রে বস্তুর সামান্য পরিমান নমুনা কয়েক MeV প্রোটন কণা শ্রোতে আঘাত করার পর নির্গত রঞ্জন রশ্মি মাপা হয়।সেই সময় রঞ্জন রশ্মির কম্পাঙ্কের বৈশিষ্ট পরিমাপ করে মৌলের পরিমাণ এবং প্রকৃতি জানা যায়।

বয়স নির্ণয়: জীবাশ্ম বা মৃত উদ্ভিদ বা প্রাণীর বয়স 'কার্বন ডেটিং' (carbon dating) পদ্ধতিতে মাপা যায়।বায়ুমন্ডলে যে কার্বন ডাই অক্সাইড আছে তাহাতে বেশীর ভাগ কার্বন 12 পরমাণু কিন্তু নগন্য পরিমান কার্বন 14 থাকে যাহা তেজস্ক্রিয় হয়।এই কার্বন 14 মূলত উচ্চ শক্তির মহাজাগতিক রশ্মির বায়ুমন্ডলে সংঘাতের ফলে তৈরী হয়।

জীবিত অবস্থায় উদ্ভিদ বা প্রাণীর শ্বাস প্রশ্বাস চলে।এরফলে দেহে কার্বন 14 এর পরিমান বায়ুমন্ডলের কার্বন 14 এর অনুপাতের সমান থাকে।কিন্তু মৃত্যুর পর কার্বন 14 এর অনুপাত সময়ের সঙ্গে সঙ্গে কমতে থাকে।নমুনার তেজস্ক্রিয় বিকিরণ মাপার পর সঠিক অনুপাত নির্ণয় করার মাধ্যমে প্রায় এক লক্ষ বছর পুরানো পর্য্যন্ত বস্তুর বয়স জানা সম্ভব।

সুক্ষ্ম ইলেকট্রনিক্স যন্ত্রাংশের উন্নতি এবং ব্যবহার: পূর্বে বর্ণিত কলাইডার এবং বিভিন্ন জটিল পরীক্ষা সম্পন্ন করার জন্য অতি সুক্ষ্ম পরিমান বিদ্যুৎ বা আলোক সংকেত মাপার প্রয়োজন হয়।এখানে এই পরিমাপ সাধারন বহুল প্রচলিত ইলেকট্রনিক্স যন্ত্রাংশ বা 'মাইক্রো চিপস' দ্বারা করার কিছু অসুবিধা আছে। কারণ এই পরিমাপ সমুহ অতিদ্রুত সমান্তরাল ভাবে অনেকগুলি একসঙ্গে করার দরকার হয়।

উচ্চ তেজস্ক্রিয় বিকিরণ পরিবেশ সাধারণ 'মাইক্রো চিপস' এর আয়ু হ্রাস করে।এছাড়া উচ্চ চৌম্বক ক্ষেত্র এবং উচ্চ বৈদ্যুতিক অপস্বরের (electrical noise) উপস্থিতি সংকেত আহরণে ব্যাঘাত ঘটায়।এই সমস্ত চ্যালেঞ্জের মোকাবিলার জন্য বিভিন্ন উন্নত প্রযুক্তির সাহায্যে নুতন ধরনের বিভিন্ন 'মাইক্রো চিপস' তৈরী হয়।

যাহা পরে শুধুমাত্র উপরোক্ত ক্ষেত্র ছাড়াও বিভিন্ন ক্ষেত্র যেমন চিকিৎসা সংক্রান্ত যন্ত্রপাতি, শিল্পক্ষেত্র এবং ইলেকট্রনিক সাধারণ ব্যবহার যোগ্য সামগ্রীতে ব্যবহার হচ্ছে।যাহার প্রভাব কম্প্যুটার যন্ত্রাংশেও দেখা যাচ্ছে।

কম্প্যুটার ক্ষেত্র: কম্প্যুটার দ্বারা কাজ করার সময় কেন্দ্রক বিজ্ঞানে দ্রুত বিশাল পরিমান তথ্য অল্প সময়ে গনণা এবং বিশ্লেষণের প্রয়োজন হয়।সেজন্য একদিকে কম্প্যুটারের যন্ত্রাংশ বা হার্ড ওয়্যারের প্রভূত উন্নতি সাধন হয়।অপরদিকে গনণা ইত্যাদির কাজে ব্যবহৃত সফট ওয়্যার, প্রোগ্রামিং এবং অপারেটিং সিস্টেমে আমূল পরিবর্তন প্রয়োজন হলো।

শুধু তাই নয় বিশাল পরিমান তথ্য বিশ্লেষণের পূর্বে বিভিন্ন সিমুলেশন, ইমুলেশন এবং বিশ্লেষণের প্রোগ্রামের 'এ্যালগরিদম' (algorithm) বা মূল প্রোগ্রাম রচনা শৈলীতে নুতনত্ব দরকার হল।যাহার প্রভাব উপরোক্ত ক্ষেত্র ছাড়াও অন্যান্য ক্ষেত্রে গবেষণা এবং কম্প্যুটার ভিত্তিক কাজে পড়েছে।

তথ্য প্রযুক্তি: সবশেষে বিশ্ব ব্যাপী জাল বা WWW, ইন্টারনেট ব্যবস্থা, গ্রীড কম্প্যুটিং সহ বিভিন্ন অত্যাধুনিক তথ্যপ্রযুক্তির উন্নতি সমাজের বিভিন্ন কাজে আসছে।এগুলির বিভিন্ন ই তথ্য ভান্ডার থেকে তথ্য জানার সহায়ক রূপে, ই পরিসেবা বা ই প্রশাসণ, সোস্যাল নেটওয়ার্কিং, ভিডিও কনফারেন্সিং, ব্যাংকিং ই পরিসেবা ইত্যাদি বর্তমান সমাজের চেহারা ব্যাপক ভাবে বদলে দিচ্ছে।সারা বিশ্ব এখন একটি ছোটো পরিবারে পরিণত হয়েছে।

ব্রহ্মান্ড সৃষ্টি রহস্য ও বিশ্বরূপ দর্শণ প্রয়াস

নবম অধ্যায়

কিছু অভিজ্ঞতা

সর্বশেষে বিভিন্ন বিষয়ে বলার পর আমার কিছু নিজের চোখে দেখা কিছু অভিজ্ঞতা সম্বন্ধে বলা হচছে।আমার অবসর পূর্ব কর্মক্ষেত্রের কাজের জন্য বিভিন্ন স্থানে উপস্থিত থাকার ফলে কিছু ব্যক্তিগত অভিজ্ঞতা হয়েছে। সাধারণত কোনো বৃহৎ প্রকল্পের কাজে অনেক ছোটো ছোটো ঘটনা ঘটে যার মধ্যে রোমাঞ্চ এবং বিজ্ঞান থাকে।যাহা ছোটো আকারে ব্যক্তিগত অভিজ্ঞতা রূপে বলা হয়েছে। এছাড়া কিছু ব্যক্তিগত জিনিষ সেইসময় দেখা এবং তার ব্যক্তিগত অনুভূতির কথা বলা হয়েছে।

1

আমাদের মধ্যে একটি প্রবণতা অনেক সময় কাজ করে।তাহা হলো কোনো কাজের জন্য ছোটোখাটো যন্ত্রের জন্য বিদেশী ব্যয়সাধ্য জিনিষ কেনা সম্মান জনক মনে করি।কিন্তু অনেক সময় নিজস্ব উদ্ভাবিত যন্ত্রের সাহায্যে সহজে, কম সময়ে এবং অল্প খরচে সহজে কাজ করা সম্ভব।

এক সময় প্লাস্টিক অপ্টিকাল ফাইবার বৃহৎ ডিটেকটারের কাজে ব্যবহার করা হয়েছিল।সেময় নির্দিষ্ট দৈর্ঘ্যের যাহা প্রায় দুই মিটার লম্বা এবং সংখ্যায় কয়েক হাজার অপ্টিকাল ফাইবার পরীক্ষা করার জন্য সঠিক যন্ত্রের প্রয়োজন ছিল।কিন্তু তখন বাস্তবে সঠিক যন্ত্র বিদেশী মুদ্রায় কেনার প্রয়োজন সমস্যা ছিল, কারণ যাহা ব্যয়সাধ্য এবং সময় সাপেক্ষও ছিল।

তখন সহজ প্রচেষ্টায় দুটি মাত্র ছোটো কাঠের বাক্স, যাহা হোমিওপ্যাথিক ওষুধের বাক্স রূপে ব্যবহার হয়।এই দুটি কাঠের বাক্সে সহজে পাওয়া এলইডি (LED) এবং ফোটোডায়োড বসানো হয়।যাহাতে উপযুক্ত কাজ করার মত অতি অল্প খরচে অপ্টিকাল ফাইবার পরীক্ষা করার যন্ত্র তৈরী হয়েছিল।যাহার মধ্যে

কিছু অভিজ্ঞতা

এলইডি যুক্ত বাক্সে অপ্টিকাল ফাইবারের এক প্রান্ত এবং অপর প্রান্ত ফোটোডায়োড যুক্ত বাক্সে প্রবেশ করানোর ব্যবস্থা ছিল।এখানে এলইডি আলোক উৎস রূপে এবং ফোটোডায়োড আলোক পরিমাপ করার জন্য ব্যবহার করা হয়।এরফলে অনেক গুলি অপ্টিকাল ফাইবারের মাধ্যমে সঞ্চালিত আলোর পরিমান সঠিক ভাবে মাপা সম্ভব হল।

আবার এক সময় ছোটো সবুজ লুমেনিসেন্ট বা আলোকপ্রভ এবং লম্বা স্বচ্ছ দুই ধরনের প্লাস্টিক অপ্টিকাল ফাইবার তাপীয় প্রভাবে জোঁড়া দেওয়ার প্রয়োজন হয়েছিল।কিন্তু তাপীয় প্রভাবে জোঁড়া দেওয়ার জন্য বিশেষ ধরণের যন্ত্রের প্রয়োজন ছিল।তাহা তখন বিদেশী মুদ্রায় কেনা দরকার ছিল, যাহা ব্যয় সাধ্য (প্রায় সাত লক্ষ টাকা) এবং সময় সাপেক্ষও ছিল।

তখন সহজ প্রচেষ্টায় কাঁচির দুটো ফলকের ন্যায় বা জাঁতাকলের মত যান্ত্রিক ব্যবস্থা তৈরী করা হল।এইগুলি বিশেষ ভাবে উত্তপ্ত করার ব্যবস্থা সোল্ডারিং আয়রণের অংশ বিশেষ কে নিয়ন্ত্রিত বিদ্যুৎ সরবরাহের মাধ্যমে করার ব্যবস্থা করা হল।যাহাতে এই যন্ত্র দ্বারা অপারেটাররা সহজে প্লাস্টিক অপ্টিকাল ফাইবার জোঁড়া দিতে পারে।কাজের সুবিধার জন্য সাইকেলের ব্রেকের তারের সাহায্যে পায়ে চালিত সুইচ (foot switch) ব্যবহার এবং হাত দুটো অপ্টিকাল ফাইবার ধরার জন্য ব্যবহার করা হলো।এই যন্ত্রের কাজ সুষ্ঠু ভাবে পরীক্ষা করার পর প্রায় সত্তর হাজার অপ্টিকাল ফাইবার সুষ্ঠুভাবে জোঁড়া দেওয়া হয়।যাহা আন্তর্জাতিক স্তরের গবেষণা কাজে খুবই অল্প খরচে এবং উচ্চ মানে ব্যবহার করা সম্ভব হল।

2

পূর্বে বর্ণিত প্লাস্টিক অপ্টিকাল ফাইবার, ছোটো কাঠের বাক্স দ্বারা পরীক্ষা করার যন্ত্র তৈরী দিয়ে যখন কর্মীরা সুষ্ঠুভাবে কাজ করছে।তখন হঠাৎ একদিন কোনো এক কর্মীর মুখে শোনা গেল যে এই যন্ত্রটি কাজ করার কিছুক্ষণ পর পর

খুলে ধুলো পরিষ্কার করতে হচ্ছে।নাহলে প্লাস্টিক অপ্টিকাল ফাইবারে সঞ্চালিত আলোর পরিমান অনেক কম দেখায়।এর ফলে কাজের ব্যাঘাত ঘটল।শুধু তাই নয় এই অতি সরল যন্ত্রের কাজের বিষয় সম্বন্ধে প্রশ্নচিহ্ন দেখা দিল।

পরে অনুসন্ধানে জানা গেলো যে কাজের স্থানের আঁদ্রতা অত্যধিক কমে যায়।কারণ শীতাতপনিয়ন্ত্রণ যন্ত্রের সঠিক নিয়ন্ত্রন না হওয়া।এর ফলে প্লাস্টিক অপ্টিকাল ফাইবারের ছোটো কাঠের বাক্সদ্বয়ে প্রবেশের সময় ঘর্ষণে স্থির বিদ্যুৎ উৎপন্ন হয়।যাহার আকর্ষণে ধুলো জাতীয় পদার্থ জমা হয় এবং কাজের ব্যাঘাত ঘটায়।এরপর যথারীতি সমস্যার সমাধান হওয়ার ফলে যন্ত্রের কাজের বিষয় সম্বন্ধে সবার সংশয় দূর হলো।

আঁদ্রতা অত্যধিক কমে যাওয়ার ফলে কি বিপজ্জনক ঘটনা ঘটতে পারে সে সম্বন্ধে বলা দরকার।এক্ষেত্রে বালির স্রোতে শুকনো অবস্থায় ধাতব পদার্থ পরিষ্কার করার জন্য যন্ত্রের ব্যবহার হয়।যাহার নাম ‘স্যান্ড ব্লাস্টিং’ (sand blasting) মেশিন।এর সাহায্যে গ্যাস আয়ণিত ডিটেকটারের তামার তৈরী যন্ত্রাংশ সুষ্ঠুভাবে পরিষ্কার করার কাজে ব্যবহার করা হচ্ছিল।

শীতকালের সময় একদিন অপারেটার কর্মীদের মুখে শোনা গেলো যে ‘স্যান্ড ব্লাস্টিং’ মেশিনে কাজ করার সময় জোরে ইলেকট্রিক শক লাগছে।তখনই কাজ বন্ধ করে বৈদ্যুতিক সংযোগ গুলি যথারীতি পরীক্ষা করা হল।কিন্তু কোনো ত্রুটি পাওয়া গেলো না।তারপর এক সহকর্মী, অপারেটার কর্মীদের ন্যায় তামার তৈরী যন্ত্রাংশ দিয়ে কাজ শুরু করলেন এবং কিছুক্ষন পর হঠাৎ জোরে ইলেকট্রিক শক খেলেন।

এরপর আলোচনা এবং বিভিন্ন পর্য্যবেক্ষণের মাধ্যমে বোঝা গেলো যে বালির স্রোতের তীব্র ঘর্ষণে ধাতব পদার্থে স্থির বিদ্যুৎ তৈরী হচ্ছিল।যাহার ফলে এই বিদ্যুৎ বিভব কম আঁদ্রতায় অত্যধিক বৃদ্ধি পায়।এই বিভবের পরিমান কয়েক হাজার পর্য্যন্ত হতে পারে।এই মেশিনে সেজন্য কিছু সুরক্ষা ব্যবস্থা প্রস্তুতকারী

সংস্থা দ্বারা করা আছে দেখা গেলো।তারপর আরও কিছু অতিরিক্ত ব্যবস্থা নেওয়ার ফলে সমস্যা পুরোপুরি দূর করা সম্ভব হলো।

3

অনেক ক্ষেত্রে তড়িৎচৌম্বকীয় বা বৈদ্যুতিক অপস্বর (electromagnetic or electrical noise) বিভিন্ন প্রকার ব্যাঘাত বা অবাঞ্ছিত ঘটনার সৃষ্টি করে।কোনো বৈদ্যুতিক যন্ত্র বা ব্যবস্থায় অতিরিক্ত বিদ্যুৎ ক্ষরণ বা স্পার্ক হলে কিছু শক্তি তড়িৎচৌম্বকীয় তরঙ্গের আকারে চারদিকে ছড়িয়ে পড়ে।যাহা নিকটতস্থ বৈদ্যুতিক বা বৈদ্যুতিন যন্ত্র বা ব্যবস্থায় প্রভাব বিস্তার করে এবং ক্ষেত্র বিশেষে অবাঞ্ছিত ঘটনার সৃষ্টি করে।যেমন আকাশে বাঁজের চঁমকানিতে বা বাড়ির পাশে ট্রাম লাইনে ট্রাম চলাচল করলে পূর্বের মিডিয়াম ওয়েভযুক্ত রেডিও গুলিতে কড় কড় আওয়াজ হতো।

একবার গ্যাস আয়ণিত ডিটেকটার রূপে রেজিস্টিভ প্লেট চেম্বার দ্বারা মহাজাগতিক রশ্মি পরীক্ষা করা হচ্ছিল।সে সময় এক সহযোগী লক্ষ্য করেন যে বিশেষ কতকগুলি সময় রশ্মি বা কণা মাপার যন্ত্রে গনণা সংখ্যা অত্যধিক বেশী হয়।এর কোনো উপযুক্ত ব্যাখ্যা বা সদূত্তর পাওয়া গেলো না।পরে অনুসন্ধানে দেখা গেলো কাজের দিন, দিনের বেলায় অফিস শুরু এবং ছুটির সময় দুবার সাধারণত এই ঘটনা ঘটে।কিন্তু সাধারণ ছুটির দিন সাধারণত ঘটে না।

এরপর আরও পরে বোঝা গেলো ঐ পরীক্ষাগারে কর্মরত এক কর্মী যিনি একটি মোটর বাইকে যাতায়াত করতেন।তার মোটর বাইকের স্পার্ক প্লাগে ত্রুটির জন্য অত্যধিক তড়িৎচৌম্বকীয় বা বৈদ্যুতিক অপস্বর নির্গত হতো।যাহা ডিটেকটারে অবাঞ্ছিত ঘটনার সৃষ্টি করতো।তবে মজার বিষয় উক্ত কর্মীর হাজিরা বা যাতায়াত প্রশাশণ ছাড়াও পরীক্ষাগারের ভেতরের বিজ্ঞানীরা জানতে পারতেন।তবে এই ধরনের তড়িৎচৌম্বকীয় বা বৈদ্যুতিক অপস্বর জাতীয় ঘটনা নিবারণের জন্য সুপরিচ্ছন্ন গ্রাউন্ডিং (grounding or earthing) এবং নিবারণ

আচ্ছাদন (shielding) ব্যবস্থা প্রয়োগ করা হয় সমস্যার গুরুত্ব অনুসারে।এক্ষেত্রেও তাই ব্যবস্থা করা হলো।

4

আরেকটি বিষয় কোনো জটিল সমস্যার বহুমুখী দিকের সম্ভাবনা থাকে। সেক্ষেত্রে বহুমুখী দিকের সমস্যার সম্ভাবনা ছাড়াও বিশাল সমষ্টিগত (collective) বা মেলবন্ধনগত (interfacing) সমস্যা অনুধাবন করা খুবই জরুরী কাজ হয়ে পড়ে।যেমন সার্নে এ্যালিস পরীক্ষা ব্যবস্থায় পুরোপুরি ভারতীয় প্রচেষ্টায় ফোটন মাল্টিপ্লিসিটি ডিটেকটার বা PMD তৈরী এবং সার্নের এ্যালিস পরীক্ষা ব্যবস্থায় স্থাপনের সময়ের একটি ঘটনা।

কলকাতার VECC সহ অন্যান্য সহযোগী প্রতিষ্ঠান সমুহের মিলিত প্রচেষ্টায় মূল ডিটেকটার সমুহ তৈরী করা হয়।এছাড়া ডিটেকটার সংযোজিত তথ্য সংগ্রহের জন্য প্রয়োজনীয় ইলেকট্রনিক্স যন্ত্রাংশ সমুহ তৈরী করা। সমস্ত তথ্য আহরণ এবং কম্প্যুটারে বিশ্লেষণের জন্য ব্যবস্থা (data acquisition system - Daq) সম্পন্ন করা হয়।শুধু তাই নয় সমস্ত বিভাগের কাজ সুচারু রূপে পরীক্ষা করা হয় এবং এ্যালিস পরীক্ষা ব্যবস্থায় স্থাপনার সম্ভাব্য সমস্যা গুলি সম্বন্ধে পর্য্যালোচনা এবং পরিকল্পনা করা হয়।

পরে যখন বাস্তবে সার্নে সমস্ত সামগ্রী পাঠানোর পর স্থাপনা এবং কিছু জরুরী পরীক্ষা শুরু হলো। সমস্ত ডিটেকটারয়ে তথ্য সংগ্রহের জন্য প্রয়োজনীয় ইলেকট্রনিক্স যন্ত্রাংশ সমুহ লাগানো হলো।তারপর যখন উপযুক্ত উচ্চ ভোল্টেজ দেওয়া হলো তখন প্রায়শই একটি দুটি ডিটেকটার কোষ সমুহে বৈদ্যুতিক ক্ষরণ বা স্পার্ক হতে দেখা গেলো।যাহার ফলে ইলেকট্রনিক্স যন্ত্রাংশ নষ্ট এবং অন্যান্য উপসর্গ দেখা গেলো।তাহা ছাড়া তথ্য আহরণ এবং কম্প্যুটারে বিশ্লেষণের জন্য ব্যবস্থাও (Daq) মাঝে মাঝে নিষ্ক্রিয় হয়ে পড়ছিল।এই দুটি সমস্যা গুরুতর রূপে দেখা দেওয়ায় পুরো কাজ স্তব্ধ হওয়ার অবস্থা দেখা দিলো।কিন্তু উপস্থিত সকলের প্রচেষ্টায় সমস্যার কারণ এবং সমাধান খুঁজে পাওয়া গেলো।

এখানে সমস্যার কারণ হিসাবে প্রথম ক্ষেত্রে বিশাল ডিটেকটার কোষ সমুহ সক্রিয় ভাবে কাজ করার সময় উদ্ভূত ক্যাপাসিটারে অতিরিক্ত চার্জ বা আধান জমা হয়।যাহা স্পার্কের সময় উপরোক্ত ইলেকট্রনিক্স যন্ত্রাংশকে ক্ষতিগ্রস্ত করার পক্ষে যথেষ্ট ছিলো।দ্বিতীয় সমস্যার কারণও স্পার্কের সঙ্গে সম্পর্ক যুক্ত ছিল। সেক্ষেত্রে স্পার্কের সময় তড়িৎচৌম্বকীয় বা বৈদ্যুতিক অপস্বর সৃষ্টি হয়।এই অপস্বর তথ্য আহরণ এবং কম্প্যুটারে বিশ্লেষণের জন্য ব্যবস্থার জন্য ব্যবহৃত লম্বা তার সমুহে আবেশের ফলে নিয়ন্ত্রণকারী ডিজিটাল সংকেতকে বিকৃত করে।এরফলে উপরোক্ত ব্যবস্থা সমুহকে নিষ্ক্রিয় করে দেয়।

অবশেষে উভয় সমস্যার সমাধান দেশে অবস্থিত বিভিন্ন স্তরের কর্মীগোষ্ঠির অক্লান্ত প্রচেষ্টায় বিভিন্ন প্রতিকার ব্যবস্থা যুদ্ধকালীন ভিত্তিতে তৈরী করা হয়।পরে সেগুলি সার্নে উপস্থিত সহযোগীদের সম্মিলিত অক্লান্ত প্রচেষ্টায় সম্পন্ন করা সম্ভব হলো।ফলে এই সমষ্টিগত বা মেলবন্ধনগত সমস্যা হল, যাহা পূর্বে সঠিকভাবে জানা এবং প্রতিকার ব্যবস্থা করা সম্ভব ছিলো না।কারণ যতক্ষণ না বাস্তব অবস্থার সম্মুখীন হওয়া গেছে।

5

অনেক সময় মূল বিষয়ে কাজ করার সময় কিছু পর্য্যবেক্ষণ নুতন ভাবনা বা বিষয়ে কাজের ধারা সংযোজন করে।যেমন 1991 থেকে 1994 সালের সময় সিন্টিলেটার এবং সবুজ লুমেনেসেন্ট প্লাস্টিক অপ্টিকাল ফাইবার সহযোগে ফোটন মাল্টিপ্লিসিটি ডিটেকটার তৈরী করা হয়।সে সময় লুমিনেসেন্ট প্লাস্টিক অপ্টিকাল ফাইবার সহযোগে বিক্ষিপ্ত আলো সংগ্রহ এবং সঞ্চালন ধর্ম অধ্যয়ণ করা হয়।যাহা বিক্ষিপ্ত সৌর বিকিরণ সংগ্রহের এবং সঞ্চালনের কাজে প্রয়োগ করা হয়।যদিও এই পদ্ধতির আরও উন্নতি সাধন দরকার যাহাতে সৌর শক্তি আহরণে নুতন প্রযুক্তি রূপে দেখা দিতে পারে।

আবার 2003 থেকে 2007 সালের সময় গ্যাস আয়নিত ডিটেকটার প্রযুক্তির সাহায্যে ফোটন মাল্টিপ্লিসিটি ডিটেকটার তৈরী করা হয়।যাহার কিছু প্রযুক্তিগত সমস্যা বিশেষত পূর্বে উল্লেখিত বিষয় সমাধানের জন্য ডিটেকটার ফোটোনিক্স (Detector photonics) ক্ষেত্রের কাজ শুরু করা হয়েছিল।উপরোক্ত সৌর বিকিরণ সংগ্রহের কাজ এবং ডিটেকটার ফোটোনিক্স ক্ষেত্রের কাজ আন্তর্জাতিক স্তরেও উপস্থাপিত করা হয়েছে।তাছাড়া জাতীয় এবং আঞ্চলিক ভাবেও উপস্থাপিত করা হয়েছে।যাহা হয়তো বিশদভাবে এবং আলাদাভাবে ভবিষ্যতে বলার সুযোগ হতে পারে।

6

ব্যাক্তিগত অনুভূতি যাহা বিজ্ঞান সম্পর্কিত নয়।তাহাদের মধ্যে আমেরিকার নিউ ইয়র্কের কাছে ব্রুক হ্যাভেন ন্যাশানাল ল্যাবরেটারী যাহা একটি সংরক্ষিত বনাঞ্চলের মধ্যে অবস্থিত।2004 সালে জুলাইয়ের প্রথম সপ্তাহ, একদিন বিকাল প্রায় সাড়ে নটা বাজে, সেখানে তখনও সূর্য্যাস্ত হয়নি।সেইসময় স্টার (STAR) পরীক্ষাগার থেকে এক সহকর্মীর সঙ্গে বাসস্থানে ফেরার পথে খোলা প্রান্তরে একেবারে পূরো ধবধবে সাদা হরিণ দেখতে পাই।এখানে শান্ত, নিরালা, সবুজ প্রাকৃতিক পরিবেশ এবং আধূনিক বিশাল যান্ত্রিক ব্যবস্থার অপূর্ব সমন্বয় ঘটেছে।

জেনেভা শহরে অবস্থিত বিশাল লেক এবং লেকে অবস্থিত বিশ্বের সর্বোচ্চ ফোয়ারা দর্শন।যাহার উচ্চতা প্রায় 140 মিটার বা 460 ফুট।এই ফোয়ারার গতি 200 কিলোমিটার প্রতিঘন্টা এবং নির্গত জলের পরিমান 7000 লিটার প্রতি সেকেন্ড।তাছাড়া ফরাসী দার্শনিক রুশো (Jean-Jacques Rousseau) যাহার সমাজতত্ত্ব ফরাসী বিপ্লবকে বিপূলভাবে প্রভাবিত করেছিল, তাহার জন্মস্থান জেনেভা শহরে দর্শন এক অপূর্ব অনুভূতি।এরপর সার্নের গবেষণাগারের ভেতর 'মাইক্রোকসম' (microcosm) দর্শন।যাহাতে সার্ন সম্পর্কিত বিভিন্ন বিষয়ে একটি বিজ্ঞান সংগ্রহালয় দর্শনের অভিজ্ঞতা লাভ।

7

সার্নে থাকা কালীন একদিন দুই সহকর্মীকে নিয়ে আল্পসের সর্বোচ্চ শিখর মাউন্ট ব্ল্যাঙ্ক (Mount Blance) যাওয়ার ব্যবস্থা করেছিলাম।মাউন্ট ব্ল্যাঙ্ক শিখরের উচ্চতা 4810 মিটার।এই অঞ্চল আল্পস পর্বত মালার একটি দূর্গম অঞ্চল বলে পরিচিত।আমরা ঐদিন ভোরে চামোনিক্সের (chamonix) পথে মাউন্ট ব্ল্যাঙ্কের পাদদেশে এবং পরে শিখরে দুই ধাঁপে রোপওয়ে দিয়ে উঠলাম।চারিদিকে পাহাড়, রৌদ্র, মেঘ এবং বরফের সমন্বয়ে অপূর্ব প্রাকৃতিক দৃশ্য দেখা হল।তার পর ফেরার অর্থাৎ নামার পালা।

তখন আমার হঠাৎ মনে পড়ল যে 1966 সালের 24 শে জানুয়ারী মাসে এক বিমান দুর্ঘটনা এই মাউন্ট ব্ল্যাঙ্ক অঞ্চলেই ঘটে।এরফলে বিশিষ্ট ভারতীয় পরমাণু বিজ্ঞানী এবং ভারতীয় পরমাণু গবেষণার মূল কান্ডারী হোমি জাহাঙ্গীর ভাবার মৃত্যু ঘটে।তিনি এখানে কোথাও বরফের চাঁদরের নীচে চীর নিদ্রায় শায়িত থাকলেও তার স্বপ্ন বাস্তবে রূপ পাচ্ছে।

8

সার্ন গবেষণা কেন্দ্রকে ভারতীয় পরমাণু শক্তি দপ্তর দ্বারা 2004 সালের 18 জুন মাসে একটি 2 মিটার উচ্চতার সুদৃশ্য ব্রোঞ্জের নটরাজ মূর্তী আনুষ্ঠানিক ভাবে উপহার দেওয়া হয়।যাহা সার্নের একটি বিশিষ্ট জায়গায় শোভা পাচ্ছে।এই নটরাজ মূর্তীর পাদদেশে দেবনাগরী লিপিতে এবং ইংরাজীতে যাহা লেখা আছে তাহার সারমর্ম হল নটরাজের একটি নৃত্য ‘লাস্য’ যাহা সৃষ্টি এবং অপর নৃত্য ‘তান্ডব’ যাহা ধ্বংসের প্রতীক। অনুরূপভাবে বিজ্ঞানেও ব্রহ্মান্ডের এবং অধঃকেন্দ্রীন কণা স্তরে, সৃষ্টি এবং ধ্বংসের ক্রিয়া অনবরত ঘটে চলেছে।এ এক অপূর্ব দার্শনিক ভাবনার এবং অনুভূতির সমন্বয় বলে আমার মনে হয়েছে।

সূত্রসন্ধান

1. পরমাণু ও কেন্দ্রক গঠন পরিচয় - সমরেন্দ্রনাথ ঘোষাল, পশ্চিম বঙ্গ রাজ্য পুস্তক পর্ষদ।
2. নিউক্লিয়ার পদার্থ বিদ্যার গোড়ার কথা - অম্লান রায়, জ্ঞান বিচিত্রা প্রকাশনী, 2008.
3. বিশ্ব ব্রহ্মাণ্ডের সৃষ্টির রহস্য - গোপেন্দ্রনাথ রায়, জ্ঞান বিচিত্রা প্রকাশনী, 2008.
4. গ্যাস আয়ণিত ডিটেকটার প্রযুক্তি এবং চিকিৎসা চিত্রায়ণে ব্যবহার - শুভাশিষ চট্টোপাধ্যায় এবং মিহির রঞ্জন দত্ত মজুমদার, পশ্চিম বঙ্গ বিজ্ঞান প্রযুক্তি কংগ্রেস, 2010.
5. নিউক্লিয়ার বিকিরণ ডিটেকটারে ফোটোনিক্সের প্রয়োগ - মিহির রঞ্জন দত্ত মজুমদার, দেবাশীষ দাস, তপন কুমার নায়েক, পশ্চিম বঙ্গ বিজ্ঞান প্রযুক্তি কংগ্রেস, 2012.

ইন্টারনেট সূত্র সমূহ (ক্ষেত্র বিশেষে পরিবর্তিত বা লুপ্ত হতে পারে)

6. { http://www.dae.nic.in}
7. {www.vecc.gov.in}
8. {www.cern.ch}
9. {http://www.ino.tifr.res.in/ino/faq.php}

ব্রহ্মান্ড সৃষ্টি রহস্য ও বিশ্বরূপ দর্শণ প্রয়াস

বর্নক্রমিক শব্দপঞ্জী তালিকা

অ

অণু 1

অনিশ্চয়তা সূত্র 6

অধঃকেন্দ্রীণ কণা 5,9,10,11

অন্ধকার পদার্থ 19

অন্ধকার শক্তি 20

অতিপরিবাহি সাইক্লোট্রন 32

অপারেটিং সিস্টেম 57,58,74

অপ্টিকাল কম্প্যুটার 61

আ

আপেক্ষিকতাবাদ 7,19

ই

ইলেকট্রন কণা 1,3,4,5

ইলেকট্রন ভোল্ট 4

ইথারনেট 64

এ

এ্যাটলাস পরীক্ষা 40, 41

এলএচসি-বি পরীক্ষা 40, 41

এ.ডি.এস.এস 32, 70

এ্যালিস পরীক্ষা 40, 41

ও

ওয়েভ সাইট 66

ক

কেন্দ্রক বিক্রিয়া 3

কোয়ান্টাম 5

তত্ত্ব 5

বলবিদ্যা 5

পরিসংখ্যান 5

কোয়ার্ক 9,10

ফ্লেবার 10

কালার চার্জ 10

কোয়ার্ক গ্লুয়ন প্লাজমা 13

কম্প্যুটার নেটওয়ার্ক 62,63,64,65

ক্লাস্টার কম্প্যুটার 68

কোয়ান্টাম কম্প্যুটার 61

কৃষ্ণ গহ্বর 18,19

কার্বন ডেটিং 73

গ

গামা রশ্মি 6,9,14,71

গ্রীড কম্প্যুটিং 42,63,67,75

গ্যাস আয়ণিত ডিটেকটার 49,50,51,53

চ

চন্দ্রশেখর সীমা 16

ছ

ছায়াপথ 16

ট

টাইম শেয়ারিং সিস্টেম 64

ন

নিউট্রন কণা 2,3,4,18

নিউট্রিনো কণা 12,17,21,32

নিহারিকা বা গ্যালাক্সি 16

প

পারমাণবিক সংখ্যা 2, 3

পরমাণু (atom) 1,3,6,8

প্রোটন কণা 2,3,4

পজিট্রন 6,8,9,12,21,71

'পেট' বা PET 71

পিএমডি (PMD) 43,53

পেটাবাইট 42,68

ফ
ফার্মি 2,3
ফার্মিয়ন 12,13

ব
বিটা বিকিরণ 6,11
বিকিরণ বর্ণালী 24
বোসন 11,12
 ফোটন কণা 11,13
 হিগস বোসন 12,13
 W⁺, W⁻, Z⁰ বোসন 11,13
 গ্লুয়ণ কণা 11,13
 গজবোসন 11,13
বামন নক্ষত্র 18
 সাদা 18
 কালো 18
বিগ ব্যাঙ 22,24
বৈদ্যুতিক অপস্রর 47,74,79
বিশ্ব ব্যাপী জাল (WWW) 36,62,64,75

ম
মহাজাগতিক 20
 রশ্মি 20
 ধারা 20
 গৌণ রশ্মি 20
মৌলিক বল 10
 গুরু বল 10,11
 লঘু বল 10,11
 তড়িৎ চৌম্বকীয় বল 10,11
 মাধ্যাকর্ষণ বল 10,11
মাল্টি কোর প্রসেসার 59,60

র
রিঅ্যাক্টর 69
রৈখিক ত্বরণ যন্ত্র 26
 অতিপরিবাহি রৈখিক ত্বরণ 26,31
 ভ্যান ডি গ্রাফ জেনারেটার 26,31
 পেলেট্রন যন্ত্র 26,31

ল
লেপ্টন 13
লার্জ হ্যাড্রন কলাইডার 38,39,59

স
সার্ন CERN 31,36,61
সাইক্লোট্রন যন্ত্র 28,29,31,32
 সিনক্রো সাইক্লোট্রন 29
 আইসোক্রোনাস সাইক্লোট্রন 29
'স্পেক্ট' SPECT 70
সুপারন্ডাকটিং চুম্বক 40
সফটওয়ার 54,57,58,59
সেন্ট্রাল প্রসেসিং ইউনিট 55
সিন্টিলেটার ডিটেক্টার 51,53
সেমিকন্ডাকটার ডিটেক্টার 51
স্কোয়ার্জচাইল্ড সীমা 19
সিএমএস পরীক্ষা 40,41
সুপারনোভা 15,17

হ
হাইড্রোজেন 3,8
হিলিয়াম 8
হার্ডওয়ার 54,55,56
হাইপারটেক্সট 66

www.ingramcontent.com/pod-product-compliance
Lightning Source LLC
Chambersburg PA
CBHW051734170526
45167CB00002B/928
* 9 7 8 1 5 0 5 8 7 4 3 9 6 *